The BRAIN BIBLE

[美] 约翰·雅顿
John Arden

HOW TO STAY VITAL
PRODUCTIVE
AND HAPPY FOR A LIFETIME

大脑圣经

注意力集中、记忆力提升
越来越聪明的秘密

中国青年出版社
CHINA YOUTH PRESS

图书在版编目（CIP）数据

大脑圣经：注意力集中、记忆力提升、越来越聪明的秘密 /（美）雅顿著；杨颖玥，张尧然译.
—北京：中国青年出版社，2015.10
书名原文：The Brain Bible: How to Stay Vital, Productive, and Happy for a Lifetime
ISBN 978-7-5153-3816-3
Ⅰ.①大… Ⅱ.①雅… ②杨… ③张… Ⅲ.①认知心理学—通俗读物 Ⅳ.①B842.1-49
中国版本图书馆CIP数据核字（2015）第211890号

John Arden, PhD
The Brain Bible: How to Stay Vital, Productive, and Happy for a Lifetime
ISBN-13: 978-0-07-182654-9

大脑圣经：注意力集中、记忆力提升、越来越聪明的秘密

作　　者：［美］约翰·雅顿
译　　者：杨颖玥　张尧然
责任编辑：胡莉萍
美术编辑：张燕楠
出　　版：中国青年出版社
发　　行：北京中青文文化传媒有限公司
电　　话：010-65518035/65516873
公司网址：www.cyb.com.cn
购书网址：zqwts.tmall.com
印　　刷：大厂回族自治县益利印刷有限公司
版　　次：2016年1月第1版
印　　次：2022年5月第6次印刷
开　　本：787 × 1092　1/16
字　　数：200千字
印　　张：14
京权图字：01-2014-8277
书　　号：ISBN 978-7-5153-3816-3
定　　价：49.90元

THE BRAIN BIBLE

目录

THE BRAIN BIBLE

前 言

PREFACE

这本书源于我对患者的担忧，他们曾告诉我，经常看到相互冲突的新闻故事、误导性的健脑方法，他们感到困惑和沮丧。比如，他们从某处得知石榴汁是一种保持大脑健康的神奇饮料，而下一周看到保持心态平和有助于积蓄脑力，应付各种挑战，再不久他们又听说，纵横字谜是开启大脑圣殿的钥匙，结果没过几天又有消息说这种做法效果有限。期待明智的人们，到底该何去何从呢?

市面上有太多被鼓吹得神乎其神的产品，其中有很多都是骗人的万灵药，事实上，没有哪样东西能够保证你的大脑长寿、健康，不论是神秘药片还是电脑程序。相反，保持大脑健康需要多种因素共同作用，你应该了解并加以实践。

或许你和很多人一样，不想亲自翻阅迷宫般的海量数据，从中提炼出一条清晰的养生之道，以保持聪明的大脑。我试图梳理千头万绪，为人们开辟一条道路，本书就是这项工作的一项成果，它不会给你提供无数未加融合的、有关大脑的碎片信息，而是努力围绕五个核心因素组织这些信息，教你如何磨砺大脑。这些经过成熟研究的因素，可以认为是行为和实践的准则，有助于保护、滋养你的大脑。

我有40余年心理健康辅导的工作经验，目睹了很多理论大张旗鼓、来势汹汹，却又在刹那间消散得无影无踪。我对心理学这种杂乱无章的发展趋势感到丧气，希望能用神经科学将它们统一起来。为此，在20世纪80年代中期，我重新学习了神经心理学，聚焦于用基于大脑科学的方式帮助患者。

作为美国最大的心理健康培训项目之一的负责人，我要确保100多名博士后和实习医生在符合科学、基于证据的实践中，接受我们的培训。换言之，我的部分工作就是提取出科学理论中的核心因素，使我们的研究生学习到最好的科学和健康服务知识。这些培训项目在22个医学中心开展，提供一体化的医疗服务，这意味着所有医疗服务者都在协作努力，提供最好的综合性医疗服务。一体化医疗是我们的理想目标，对个人健康的一体化服务方式，是本书的焦点所在。

加入凯泽永久医疗中心（译者注：凯泽永久医疗中心，美国最大的非营利健康机构和医疗保险系统）前，我曾在美国内外执教过心理健康专业的神经科学课程。近几年，我每年都要发起30场研讨会，有幸结识了数千名心理健康专家，他们渴望学习实践性的神经科学，不仅是为了帮助患者，也是为了帮助他们自己。

本书献给所有关心大脑、希望培养健康大脑的人们。

THE GOOD NEWS ABOUT YOUR BRAIN

第一部分

大脑可以永葆活力吗

CHAPTER 1
BRAIN RESEARCH BREAKTHROUGHS

第一章
大脑终生敏锐是可行的

我第一次遇见贝丝时，她看上去十分忧郁，她说“我感觉自己已经筋疲力尽了”，并向我讲述了自己作为一名兼职母亲的辛苦经历。我发现，她的两个角色都做得出类拔萃：两个儿子都拥有幸福的家庭，经常来看望她，因为她是如此热心慈祥，而作为社工，她的职务不断提升，已经成为儿童保护服务中心的一名负责人。尽管部门经费削减，她还是努力工作，想方设法利用有限的资源，保持员工们的高昂士气。

然而，贝丝却说：“我一直努力地充当别人的万能胶，但现在我就要崩溃了。”她用疲惫的眼神望着我说：“我是不是用脑过度了？”

我们聊了很多她可以做的事情，这些都能使她在今后重新焕发元气，强化大脑健康。我告诉她：“对于你的家庭和员工来说，你都是一位了不起的守护者，是时候多关心关心自己了。”我向她介绍了心理学和神经科学的最新成果，一个人可以采取很多措施，终身保持大脑健康。也就是说，她不仅能够保护大脑免受不必要、可预防的损伤，还能主动采取一些有益大脑健康的措施。哪怕步入晚年，她也能焕发活力，享受多彩、惬意的人生。

听到这里，她的脸上绽放出了美丽的笑容："太好了！我一直担心自己在加速衰老。"

随着年龄的增长，人们对于大脑的担忧会越来越深。好消息是，大脑发育会在中年达到顶峰，这时人们依然可以继续磨砺他们的大脑，甚至生长出新的脑细胞，这也是让贝丝安心的原因，但这些强化效果不会自动发生，你必须做一些特定的事情，才能延长寿命，优化大脑，不采取这些措施的结果就是更容易罹患痴呆症。尤其到了中年末期，你的大脑就走到了命运的十字路口，最新的研究表明，这段时间对于大脑的长期健康至为关键。

尽管无法倒拨时钟，将大脑调回十几岁时的状态，但你依然可以保持它的活力，放慢衰老的速度，在这个十字路口选择有利于大脑健康的方向，磨砺它，而不是任由它变得愚钝。严格意义上的"脑年龄"只是假定的，因为没有两个大脑完全相同，我们都在自己的实践中不断变化。有些人定期进行体力和智力锻炼、保持健康饮食、建立稳固的人际关系网，培养出了更加健康的大脑。而有些人饮食无度，不加锻炼（无论是体力还是智力），睡眠习惯不好，行事独来独往，撇开遗传的缺点不说，第二种人更可能抑郁，容易紧张，并提前显现出痴呆症状。

研究发现，有的人会出现痴呆症，有的人却会随时间推移愈加聪明。研究人员找出了那些晚年仍旧思绪活跃的人的共同特点，证实了终生保持大脑健康、敏锐是有规律可循的。

这并不是说有什么捷径能保持你的大脑健康，互联网和健康食品商店里推广的大量健脑产品，更多的只是在欺诈消费者。我想说的是，大脑是靠锻炼来加强的，你不可能仅凭在某个时刻做一件事，就可以重塑你的大脑，让它恢复到健康状态。

本书提到的方法系统是基于被证明有益于大脑健康的五种因素：教育、饮食、锻炼、社交和睡眠，每种因素背后都蕴涵着大量的神经科学最新研究成果，它们颠覆了很多人们曾经确信不疑的有关长寿和大脑的知识，你有潜力在年轻的时候，就重塑大脑中那些被忽视的区域。现在，是时候让你的大脑重新焕发，继续充满活力的生活了。

■ 比起年轻的大脑，成熟大脑更加靠谱

成熟大脑与年轻大脑有着显著区别，尽管前者的反应明显变慢，但依然有几种认知能力，使中年人有可能胜过年轻人。例如，在包含解决复杂问题、词汇量、空间组织和非文字记忆的测验中，年龄较大的成年人表现更好。我们可以这样认为：成熟的大脑经验更加丰富。你已经构建了一个知识库，可以在此基础上进行判断和决策。成熟大脑神经之间的连接更加密集，这意味着它们能够从事更复杂的思考，那些纵横交错的分支积累了大量知识。

有知识库做基础，你的思维就能胜过年轻人，就能够比年轻时更好地利用所收集的信息。在适应新环境时，年轻人有显著的优势，而在面临业已知晓的信息时，成年人的大脑能够比年轻人的更有效地辨明形势，得出逻辑结论。

年轻人往往更偏向于使用某一个大脑半球，而睿智的中年人却能高效地同时使用左右两个大脑半球。成熟大脑表现出了更高程度的双边协调性，即同时使用两侧大脑的趋势，为你提供了更有效分析情况、看清更大背景环境的能力。与20岁时相比，双边协调性能使你更好地理解一个环境中各个方面之间的相互关系。

让我们从更近的距离来看一看，两侧大脑半球之间的协调性增强

会给你带来什么好处。两侧大脑半球的天赋各有所长，同时使用可以得到更好的脑力效果。右脑半球擅长处理视觉和空间信息，使你能够抓住大背景，左脑半球则擅长处理复杂精细、分类明确、线性排列的信息，比如语言。成熟大脑的两个半球可以更好地合作，不会一边凌驾于另一边之上，使你能够综合利用两个半球的天赋：既保持对大背景的认识（右脑天赋），又能解决一些复杂的细节问题（左脑天赋）。

成熟大脑的另一个优势是能够更好地控制情绪，一般情况下，面对他人的皱眉或者怒视，中年人更少受到打扰，而且处事更加从容不迫。他们不像十几岁时，把很多情况都看作潜在的危险。

这种情况部分是因为你感知安全感的主要部分——扁桃核随着年龄增长，反应灵敏度在逐步下降。神经化学的变化也为中年人这种老练沉稳做出了贡献，迪利普·杰斯特在加州大学进行了一项实验，观察了3000人的大脑扫描图，发现年长人士对神经传递素多巴胺的依赖性更低，这使他们不易冲动，能够控制自己的情绪。与注意力有显著优势的年轻人相反，面对消极情感的刺激，中年人会更少做出不假思索的反应，而是谨慎选择解决问题的方法。

相比于年轻人，中年人拥有的优势在于能够控制并平衡自己的情感，或许是因为他们已经见识了世间的种种磨难，而较少关注生活的消极方面。同时，他们已经习得了许多有关世界的知识，有了更广泛的选择、更多的智慧。随着年龄增长，他们焦虑减少，专注力提高，更擅长控制自己的情绪。

成熟大脑的另一个特点涉及所谓的“白质”，髓鞘是其中的一部分。轴突是神经元伸出来的细长突起，用来向其他神经元发送信息，就像塑料绝缘层包裹电线一样，髓鞘包裹着轴突，防止它出现短路。当轴突被髓鞘包裹时，神经的传导功能更加精准，速度也会提高上千倍。髓鞘对大脑健康如此重要，所以多发性硬化症等脱髓鞘疾病会破坏人的大脑。

人们曾一度认为，髓鞘形成在青春期达到顶峰并停止生长，但现在我们已经知道，在大脑的两个关键区域——额叶（负责决策和控制情绪）和颞叶（与语言及记忆有关）当中，髓鞘形成的顶峰是在50岁左右，某些人甚至会到60岁。在髓鞘形成达到顶峰之后，根据不同的遗传因素和个人保健法，老年人的髓鞘会出现不同程度的损伤。

健康的髓鞘形成有赖于很多因素，特别是饮食，必需脂肪酸和高密度胆固醇是髓鞘的重要成分，食用能够促进髓鞘健康的食品对大脑非常关键。此外，饱和脂肪、反式脂肪酸以及糖等简单碳水化合物食品会损害髓鞘，避免这样的食品也很重要。事实上，食用过多的简单碳水化合物，不仅会导致糖尿病，还有可能让人早衰。

■ 衰老只是一个被夸大的神话

很多因素都能导致衰老，例如，染色体端粒不断变短，这是染色体末端的保护帽，能够防止细胞因为缺乏更新而衰老。端粒的变短，类似于鞋带两段的小金属箍随着时间推移发生磨损。端粒长度由一种叫作端粒酶的细胞酶调节，反复被抗原刺激，端粒酶的活性就会降低，细胞也因此渐渐衰亡。

测量中年人的端粒长度曾被用来预测一些疾病的死亡率，包括心脏病、高血压、血管性痴呆、阿尔茨海默病等。很多因素都会影响端粒长度，比如，人际关系、教育和锻炼。

如今，有很多关于人类衰老的理论，例如程序学说。该学说认为，某些基因是设定好的，随着时间来改变控制衰老的激素，让免疫系统日渐衰退，使人更容易罹患疾病；有一种说法认为，蛋白质会交叉结合并不断积累，导致人体细胞和组织日益损耗；另一种说法认为是自由基（机体氧化反应中产生的有害物质）破坏了细胞，最终损害了人体功能；还有说法认为，是基因突变破坏了DNA，从而使细胞丧失功能。

在我看来，衰老是这些因素综合作用的结果。你可以减缓衰老，也可以做一些事情加速衰老，本书就是要告诉你做哪些事情能够减缓衰老。

事实上，影响衰老的因素从未拓展得像今天一样广泛。尽管几千年来，人类大脑的整体结构并没有变化，但人们比以往任何时候都更加长寿了。1950年，美国人的平均寿命是68.2岁，2002年上升到了77.3岁，到2050年，预计将达到82.6岁。因为大脑在衰老过程中会遇到很多挑战，我们大脑的社交和认知需求比以往任何年代都更加旺盛。我们在短短一天里遇到的人，可能比祖先一年遇到的人还多。

面对这些挑战的时候，老年人的大脑有一些局限和弱点。由中年走向晚年之际，大脑会在很多方面发生变化，这些变化包括以下方面。

- 神经传递素和大脑中的其他神经化学活动有所变化。
- 线粒体（细胞能量装置）的变异增加，大量释放破坏神经元的自由基。
- 神经元逐渐萎缩。
- 髓鞘出现损失。
- 突触（神经元接触的部位，也是信息传递的关键部位）出现损失。
- 新的突触不再产生，原有突触不断扩展，使得人们更容易刚愎自用。

- 出现很多有关衰老的神经退行性变化，包括老化斑块、神经纤维缠结，这些并不是阿尔茨海默病患者特有的症状。

不过，并非所有成熟大脑都会如此。韦恩州立大学的研究人员检测中年人的大脑变化之后，发现人们在衰老过程中有很大差异。鉴于成熟大脑将经历一个如此关键的阶段，你现在的所作所为会决定你的大脑以后是否更加聪明、更加睿智，在今后的生活里你是否充满积极情绪。

有很多生活因素都会加速这些神经退化的过程，但你不仅可以避免那些破坏性行为，还能通过健康的行为方式，减缓甚至逆转这些危险，看一看我最近的两个患者的区别吧。

斯特拉和卡罗尔的表面症状类似，实际情况却截然相反。他们两个都很热心体贴，虽然同岁，斯特拉看起来更老，她的面容就像是在说："我已经耗尽了毕生的精力。"卡罗尔则恰好相反，她现在的各项功能都很好，整个人就像是加满了油的汽车，时刻准备明天的健康生活。

斯特拉患有糖尿病，体重超重，她还开玩笑说自己有一口"糖牙"。我问她在日常生活中是否经常锻炼，她笑着说："这是个好主意，如果我还有精力去锻炼的话！"她继续抱怨自己在工作中难以全神贯注："到吃午饭的时候，或许应该说是早午餐的时候，我的思维就已经不行了，接下来的一天非常难熬。晚上回到家，我唯一的想法就是什么都不要再做了。我常常在电视机前睡着，直到丈夫催我上床睡觉，一躺下我却再也睡不着了，整夜辗转反侧。"为了照顾年迈的母亲，她隔绝了与朋友的交际，她说"他们无论如何也理解不了我"，甚至还埋怨自己的丈夫："或许我不该结婚，这给我带来了太多麻烦。"再这样下去，她的未来就会像她预感的一样灰暗。

卡罗尔不但紧张症状比斯特拉少，还力求保持健康。她有很多朋友，随时可以寻求帮助，事实上，其中一些朋友还是她的散步小组成员，她的身材也很棒。当我问及饮食状况时，她瞬间兴奋起来，为我提出这个评估因素感到高兴，以前连她的社区医生都没有问过这个问题。她还是一个劲头十足的书虫，涉猎广泛，她说："我喜欢学习新东西，读书能把我从那些令人紧张的事情上转移开。"她唯一的烦恼是失眠，有时候感觉"无法关闭自己的思维"。

卡罗尔告诉我她之所以来找我，只是为了让她的医生满意，她问我："你也认为我有必要再来你这里复诊吗？"我给了她一些应对失眠的建议，并约好有需要时她可以再打电话。她后来确实打电话来了，向我表示感谢，说她采用了我的建议后，享受到了高质量的睡眠。

斯特拉正好相反，她任由情况恶化，大脑也变得更加愚钝。在之后的几个月里，我们共同协作，极大改变了她的生活方式和处事风格。两年以后，她与我交流，那充满活力的眼神告诉我，她发生了很大的改变。实践了我教给她的所有生活技巧后，她的体重减少了20磅，思维更加敏锐，她还骄傲地宣称："我去了一所大学上课，虽然我年纪最大，但我的大脑是最年轻的。"

卡罗尔和斯特拉给我的截然不同的第一印象，反映了一系列因素把人分成了紧张过度和韧性良好两种类型，更重要的是，这些因素可以共同作用，帮助人们始终保持大脑的活力。1994年日本进行的一项研究对比了60名阿尔茨海默病患者和120名非患者，发现有五种因素会显著提升罹患阿尔茨海默病的风险：（1）教育水平低下；（2）社交不活跃；（3）缺乏锻炼；（4）头部受伤；（5）缺牙。如果一个人同时具有这五种状况，他将来患阿尔茨海默病的概率比那些完全没有这些风险的人高943.5倍。在一项针对冲绳岛百岁老人的调查中，研究人员发现这些百岁老人有三个共同特点：（1）低热量饮食；（2）定期锻炼；（3）在社区中有强大的社交网。与此类似，哈佛大学的一项研究发现，教育、定期锻炼、稳固的婚姻、健康的体型，以及不饮酒、不抽烟，是健康长寿的关键。在多种诸如此类的研究基础上，我们提炼出了本书一整套有益于大脑健康长寿的因素。

约翰·罗和罗伯特·卡恩在《成功长寿》一书中指出，随着年龄增长，人们的认知能力差异会更大，有些人没有表现出任何认知衰退的迹象，有些人则出现了明显的认知衰退。他们认为，这说明认知衰退和年龄增长之间没有必然联系，“衰老只是一种被夸张了的神话”。有些人在变老的过程中，罹患了不同种类的痴呆症，有些人却幸免于难，因此，认知衰败并非不可避免。阿尔茨海默病造成了大约50%的痴呆症，而人随着年龄增长，患阿尔茨海默病的比例也会上升。在65岁的时候，只有10%的人患有某种痴呆症，到85岁的时候，有35%~45%的人患有某种程度的痴呆症。一个人中青年时代的习惯，会对其老年阿尔茨海默病发病率产生深远的影响。

总体来说，晚年能保持活力的很多因素都与大脑健康有关。尽管单独某一种因素不足以让你远离不健康的行为，但综合运用，你就更有可能获得一个健康的大脑，这几种影响最大的因素分别是：

- 经常调动大脑，进行认知挑战；
- 均衡饮食；
- 有氧运动；
- 有力的社交圈；
- 避免睡眠不足，最大化健康睡眠。

综合调用教育、饮食、锻炼、社交和睡眠因素，将会给你的大脑带来最大的好处。

■ 大脑富有弹性，会随着五个因素而改变

西尔维娅挣扎在职业生涯的尾声，面临孩子们离开之后的空巢问题，照料年迈父母的担子也愈加沉重。她发现，自己的精力大幅下降，幸福感也随之下滑。她坐到我面前，脱口而出的第一句话就是："我或许患上了早期痴呆症。"

她描述了自己睡觉如何不安，大约每三个小时就会醒一次，然后翻来覆去，担心自己睡不着。到了早上，她都是拖着自己去上班，完全打不起精神，也无力应对繁重的工作。下班之后，她常常感觉筋疲力尽，一下子瘫倒在电视机前，什么活儿也干不了。

她住在加州北部的葡萄酒产区，可以接触到很多顶级酿酒厂，对于她来说，恢复的过程总是需要两杯好酒。她习惯做晚饭时喝一杯，看电视时再喝一杯。关于饮食，她每天早上都在当地的麦克巴克斯咖啡店叫外卖，一般会点一杯脱脂拿铁咖啡和一份巧克力羊角面包，而午饭，她通常只吃一些墨西哥玉米片，有时再加一根能量棒。晚饭则更简单，因为她在"努力减肥"。她说，她在做晚饭时会尝一点儿，但是没力气坐下来和丈夫一起吃饭。

当我问到锻炼时，她说："你在开玩笑吗？我都要累死了！"

此外，她与自己的朋友都渐渐疏远了，"他们都有自己的生活，谁有时间留给朋友呢？"

尽管她并非临床意义上的抑郁症，也没有她所担心的痴呆症，但她的睡眠和精力都受到了损害，部分是因为她饮食不当，且缺乏锻炼。此外，她耗竭的认知能力严重钝化了她的思维，特别是她总是通过看电视来放松。

她当时缺少我们在书中提到的所有健康因素，只想得到药物治疗。

我打算从社交因素入手，因为她的社交生活太匮乏了。她反问到："你想让我做什么？假装乐意和他们在一起，假装一副幸福生活的节奏吗？！"

"确实如此。听起来有点奇怪，不是吗？"我向她解释：不光你的大脑会向你的面孔发送信息，改变面部表情，后者也会向你的大脑反馈信息。如果你紧皱眉头，就会感到忧愁。哪怕你强作欢颜，也会感到幸福快乐。笑声能够触发左侧前额皮质，并激发出积极情绪，相反，皱眉会触发右侧前额皮质和消极情绪，所以，装出幸福的笑容也是有用的。我继续向她描述左侧前额皮质对鼓励行动是多么重要，而右侧前额皮质与逃避活动之类的退缩行为有关。换言之，从朋友活动中退缩，会触发人的消极感受。此外，大脑中的很多区域都与社交大脑网络相连，如果缺乏社交活动，它们就会陷入匮乏。我们或许是所有物种当中最热爱社交的，为了心理健康和大脑长寿，我们需要不断激活这些社交大脑网络。

我接着告诉她，锻炼是最好的药物，是在较高层次增强大脑功能、促进大脑长寿的最佳方式，而且没有任何副作用。

只需10分钟的锻炼，就可以给她带来90分钟的充沛精力，之所以会这样，是因为锻炼提高了大脑中的神经传递素水平，比如血清素、去甲肾上腺素、多巴胺等，"想想你要是锻炼30分钟，能起到怎样的效果。此外，如果你在睡觉前3～6小时进行锻炼，还能增加晚上优质睡眠的概率。"

接下来，我们谈到了教育，她立即矢口反驳："哦，不！除了你刚才说的那些事情之外，莫非我还要去拿个什么学位不成？"

我向她讲述了几件她力所能及、可以起到激发大脑活力的事情，建议她看美国公共广播公司（PBS）或者其他电视台的类似节目，既能娱乐又可以学到知识。

“但是我想在晚上关闭自己的大脑，好为第二天积攒精力！”

“不妨想想‘用进废退’的道理，”我告诉她，“这句话很有意义。如果像你之前那样，总是让大脑处于关闭状态，就无法在你的神经元之间建立密集的神经连接网络，并在之后为你提供脑力。脑力不足，你的大脑就无法处理复杂的事务。”我还告诉她认知储备的现象，它会让人们在晚年较少出现痴呆症症状。

然后，我们又讨论了饮食。“尽管你对药物治疗感兴趣，你还是应该知道，不均衡的饮食会影响药物效果，而且对于脑化学来说，饮食比药物更重要。”我解释说，“均衡饮食能够提供基本的氨基酸，它们是合成神经传递素的基础，而药物无非也就是影响这些神经传递素。人体合成这些氨基酸，制造出神经传递素，以及大脑中的其他各种物质，为你提供精力，提升你的情绪，保持你的注意力。正如你开不动一辆油箱空空的汽车，你的大脑怎么可能做到类似的事情呢？顺带说一句，不吃晚饭很容易让你晚上失眠。”

“你每天晚上的两杯葡萄酒，在很多方面给你带来了损耗，半夜惊醒、无法重新入睡，常常和晚上饮酒有关。”

“但是它令我感到放松呀！”

“实际上，它的放松效果只在最初两个小时有效。当你半夜想要睡觉的时候，这效果已经消退殆尽了。”我解释道，之所以会这样，是因为大脑中一种叫作谷氨酸酯的活性神经传递素出现了暂时的回潮，可以帮你得到短时间的放松。酒精欺骗了你的大脑，让它误以为一种叫作γ-氨酪酸的神经传递素有很多，它能够让你更加冷静。当酒精耗尽你体内的伽马氨基丁酸，同时谷氨酸酯含量升高的时候，你就无法继续保持冷静了，“在你持续饮酒两个月以后，伽马氨基丁酸和其他神经传递素就将大大减少，使你更加焦躁不安、容易紧张，结果比你每晚不喝酒还抑郁。”

最后，我们开始解决她的睡眠问题。我建议，除了戒掉晚上的葡萄酒之外，她还应该避免熬夜玩电脑，“那你想让我什么时候发邮件？用电脑有什么错呢？”

“电脑屏幕的光线进入你的视网膜，这直接把光线信息发送给了你的大脑松果体。从本质上来说，这就是告诉你的大脑，‘现在是白天，不要分泌催眠的褪黑素’，这样你就会出现电脑诱发的失眠。”

我继续建议，她可以在晚上睡觉前3～6个小时的时间里散步，这有利于降低体温，对良好睡眠很重要，“人体最好在睡眠循环的中间，让体温达到最低点。晚上让你的卧室保持凉爽，有助于达成这一目的。此外，还要确保你的晚饭里有足够数量的复杂碳水化合物，而不是简单碳水化合物。”

西尔维娅同意在我们下次讨论治疗之前，按照我提到的五个因素认真地尝试一下。她每隔一周和我交流一次，监督自己的进展，并逐渐感到了充沛的活力和精力，体验到了一种涅槃重生的感觉。她的思维变得更加睿智，情绪也更加平稳。面对生活中的要求和压力，她不再意气用事，而是选择阔步前行。为了收获这段时间的成果，她改正了过去那些不健康的习惯，坚决养成了磨砺大脑的好习惯。

西尔维娅的经历表明，大脑并不是固定不变的，也不是注定要枯萎的，它实际上非常有弹性，在你的一生里，一直都在随着你的行为而改变。在其些情况下，哪怕你已到老年，也可以生长出新的大脑细胞。你或许听说过一种流行的假说，认为基因决定了人的行为方式，从而担心自己无法改变。事实上，基因只是限定了我们的潜力和弱点，但它无法规定你的想法、感受和行为。通过改变你的行为方式或所处环境，你可以打开或关闭某些基因的作用。而当你改变行为方式和环境时，你的大脑也会随之而变。

原来的先天决定论与后天决定论之辩，已经被新的理论模型所取代：后天化先天。就像先天和后天的概念曾被过度划分为两个截然不同的过程一样，思维和大脑也一度被认为是相互独立的。实际上，它们只是同一枚硬币的两面。当你改变自己的思维时，你的大脑也会发生改变。当你的大脑发生变化时，你的思维也会发生变化。

你可以通过最大化自己的潜力、最小化自己的弱点，来滋养你的大脑。换句话说，通过改变你的行为和思维方式，你能够在我们人类物种的潜力范围内，改变自己的生物特性。你无法活到200岁或者像鸟儿一样飞翔，但通过在人生中优化自己的健康状况，你有潜力超过人类的平均年龄。更重要的是，你能够到老年时依然保持聪明的大脑。采纳我们提出的五个因素，就能够拓展大脑的健康和寿命。

解剖你的大脑

为了解释怎样重塑你的大脑，让我们先来看一幅全景图。你的大脑中有1000亿个叫作“神经元”的脑神经细胞（灰质），还有10倍数量的神经胶质细胞（白质），每一个神经元都能建立并保持与其他10000个神经元之间的连接。

神经元之间的通信会跨过一道叫作“突触”的间隙，一个神经元会释放一种叫作“神经传递素”的脑化学特殊物质，漂过突触，达到另一个神经元的神经末梢产生刺激。大脑中大约有100种不同的神经传递素和相关的神经化学物质，你的饮食对你的大脑构造、神经传递素供应、神经传递素健康有重要影响。

你的突触并不是硬配置的，没有事先决定你的思维或行为方式，你可以说它们是软配置。人体就像一台电脑，你既有硬件也有软件。

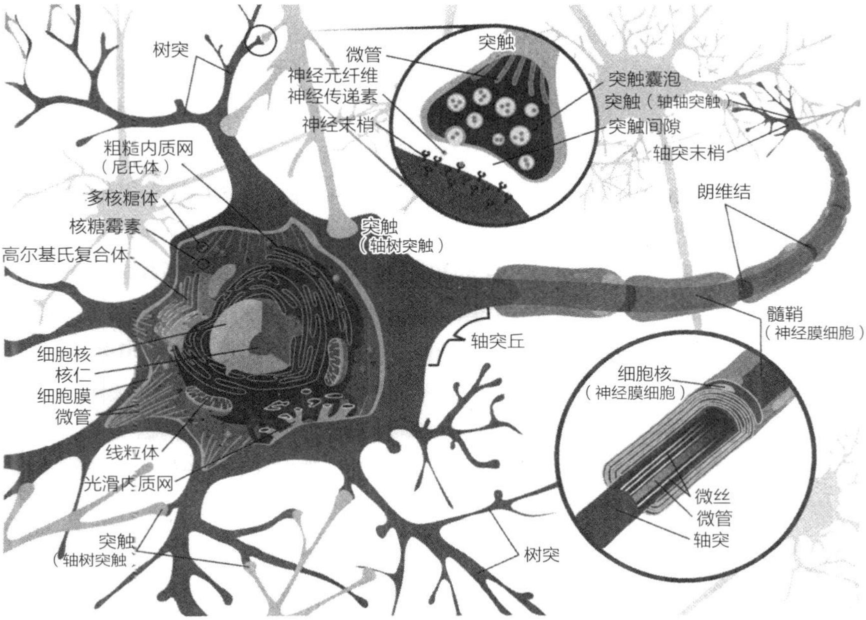

图1.1　神经元及其突触　（摘自维基百科）

当你学习新技能时，比如学习一门新语言、学习发短信、学习滑雪，突触就会发生变化，也就是说，突触是非常有弹性的，这就是所谓“神经可塑性”和“突触可塑性”的意义。

学习新知识能重塑你的大脑，建立、强化突触连接。例如，当你用心想象一幅美丽的景象时，比如意大利五渔村的一个美丽村庄，你就开始在很多神经元之间构建新的突触连接，把这幅美景编码为你的记忆。每当你回想起这幅乡村美景时，都会强化编码这些记忆的突触连接，每回忆一次，你就会记得更牢。

“神经元相互刺激，相互连接”，这句流行语描述了人在学习新知识时大脑重塑的方式。例如，你练习说西班牙语越多，就会有越多的神经元相互刺激、相互连接，你的词汇量和发音就会得到进步。你练习说西班牙语越多，那些神经元在将来相互刺激的可能性就越大。归根到底，就是你做某件事越频繁，就越有可能比之前更省力地做这件事。

如果你停止练习西班牙语，会出现什么情况呢？“用进废退”的格言不仅描述了如何练习强化突触，以便学会某项技能，它还指出，如果你停止练习，这些突触连接就会被削弱，就好像你停止锻炼之后，肌肉会出现萎缩一样。

学习曲线总是在开始时比较陡峭。学习一项新技能（例如讲西班牙语）开头比较难，这是因为你要面对一片完全陌生的领域。随着逐渐熟悉它的音调、语法和动词连接之后，你就为支持这项技能的突触网络奠定了基础。因此，我常常对那些正在学习新技能的人说，他们应该“做一些自己不喜欢做的事情”，否则，你就只想做那些你曾经做过的事情。还记得几年前，当你想播放一张唱片，却发现它已经被划损的情景吗？你必须从沙发上站起来，去“提起唱针”，好让唱片转过划痕。学习一项新技能，就好像灌制一张新唱片，或者在雪天的路上沿着前一辆车的车辙开车，它却拐弯了。为了开辟道路继续前行，你必须加大油门闯出新路。下一次你再开上这条路的时候，沿着上次的车辙走就会容易很多。这就是重塑大脑的方式：抛弃旧轨道或旧习惯，开辟一条不一样的新路线。你走这条新路越多，就会发现它越好走。

如果你的神经元经常相互刺激，它们相互刺激的速度就会更快。这将提高效率，调用更精确数量的神经元，实现某项技能。例如，学习滑雪初期，你需要使用较多的肌肉和神经元，当你学会更高效滑雪之后，利用更好的技巧，就只需要较少的肌肉力量和神经元数量。

关于神经可塑性影响大脑的最著名例子之一，是对伦敦出租车司机的一项研究。要想获得一张在伦敦驾驶出租车的执照，你必须参加一个名为“知识”的漫长培训，并通过几项考试才行。所有培训和考试都需要学习伦敦街道的详细布局，伦敦大学的研究人员扫描了很多出租车司机的大脑，发现他们的右后侧海马区（负责存储新的空间记忆）比其他非出租车司机人员要大。换言之，出租车司机通过神经可塑性，强化了他们大脑的这个区域，使之比你我的相应部位更发达（当然，除非你也是伦敦的出租车司机）。

具体来说，这些研究人员扫描了16名伦敦出租车司机的大脑，并与50名非出租车司机人员进行对比，他们发现，出租车司机的右后侧海马体更大。海马体对学习和记忆非常关键，这些出租车司机就好像把GPS和伦敦地图装进了他们的大脑。他们从事这项工作的时间越久，他们的海马体就越大。这项研究还发现，海马体的这种增长超越了司机们的年龄局限，人们一般认为年龄是影响大脑健康的重要因素，一般人随着年龄增长，海马体会逐渐萎缩。因此可以说，使用大脑延长了它的寿命。换句话说，基于高频使用的神经可塑性不仅能停止与年龄有关的大脑萎缩，甚至还能逆转它。我们不但可以避免大脑的日渐萎缩，而且还能让它日益茁壮。

研究表明，培养众多其他技能，也能够激发神经可塑性改变大脑。例如，伦敦神经学研究院神经科学影像部的研究人员检查了双语人士的大脑扫描图，并与那些只说一种语言的人进行对比。一个叫作左侧角回的区域，即与大脑顶叶、颞皮层和枕叶连接部分的大脑皮层，是与理解语言及其复杂性有关的最重要区域之一。研究发现，双语人士的角回中包含更多的灰质，大脑中的白质密度也更高。

使用特定手指演奏乐器的音乐家，与手指活动相关的躯体感觉区域面积更大。在颞叶中有一个叫作“横回”的区域，它是处理听觉刺激的关键，研究发现，在专业音乐家的大脑中，这个区域的面积是其他没有接受音乐训练的人的两倍。事实上，就像伦敦的出租车司机一样，从事该工作的时间长度，与大脑中对应该项技能区域的面积成正比关系。

相比不读盲文的盲人或者非盲人，读盲文的盲人与阅读手指相关的那部分大脑皮层面积更大。成年人坚持练习三个月抛接三个球，会增加中间和左后侧的大脑顶内沟中的灰质，该区域与抛接动作有关。放弃练习几个月以后，灰质又会降低到基本数量。像肌肉因为缺乏使用而萎缩一样，大脑中的神经网络也会重新恢复到使用之前的水平。

这些因素只是提出了一些线索，揭示了教育因素的重要性。教育可以有效培育被称为“认知储备”的突触连接，它对大脑寿命至关重要。大脑里的认知储备越多，你就有越多的储备可以失去，且没有明显的病症。高教育人群比低教育人群出现痴呆症症状的比例低，这是一个主要原因。

但你不能认为自己已经拿到了好几份大学文凭，就有足够的认知储备了。这样不行，你需要坚持学习，才能保持这些认知储备。还记得上文所说的抛球者吗？或者换一个比喻，一个花园需要不断维护，翻土、除草、灌溉，否则就会荒芜——花园就会变成一片荒草地。

我在本章前文中提到了神经科学的另一个新发现，新神经元的生成与大脑健康密切相关。不久以前，人们还曾以为人一生的神经元数量不会改变，直到20世纪80年代我研究神经心理学的时候，这还被认为是正统理论。事实上，神经元可以新生，但只在大脑中几个非常重要的部位生成。神经形成，顾名思义，可能发生在海马体、孕妇的嗅球以及前额皮质中。

一种叫作脑源性神经营养素的物质促进了神经形成和神经可塑性，因为它有助于生成神经元，也被称为神奇因子。脑源性神经营养素能够强化学习和长时程增强（译者注：长时程增强是指给突触前纤维一个短暂的高频刺激后，突触传递效率和强度增加几倍并能持续数小时乃至数天的现象，它可能是学习记忆的分子基础），后者是神经可塑性的重要基础。这意味着学习时，你会增强神经元相互刺激、相互连接的长期潜力。研究人员发现，刺激长时程增强也会提高脑源性神经营养素水平，这二者是相互促进的。当研究人员剥夺大脑中的脑源性神经营养素时，那些大脑就会丧失长时程增强能力，无法学习新知识。

脑源性神经营养素能够防止细胞死亡，同时促进它们的生长和活力。这项工作在细胞内进行，它会激活相应的基因，增加蛋白质、血清素甚至脑源性神经营养素本身的生成，它还与突触的神经末梢紧密相连，触发释放一股离子流，提高电压，强化神经元之间的连接。

重塑你的大脑，专业术语叫作“神经可塑性”，生长新神经元的潜力，专业术语叫作“神经形成”。只要努力，这两件事可能在你人生的任何时间发生。

- 神经可塑性和学习是同一枚硬币的两面。
- 神经可塑性会带来一些轻微的不适感——要跳出你的舒适区。
- 在任何时间，海马体和前额皮质都能够产生新的神经元。
- 有氧运动是增加脑源性神经营养素的最佳方式。

是什么在操控你的大脑

你的大脑中有一个执行官，决定你学习什么、把精力导向何处。磨砺你的大脑，促进长期健康，调用这位执行官的技能，它为你提供持久的注意力、意志力以及稳定的情绪，你需要它们来保持磨砺大脑的动力。

与其他物种相比，人类受生物本能的约束更少，这是因为我们有更大的额叶。额叶是所有物种大脑进化的最发达部分，占据了20%的人脑。为了让大家有一个直观印象，可以参照一下猫狗，它们的额叶只占它们大脑的3.5%。猫狗不会提出怎样磨砺它们大脑的问题，但人类会，正是额叶使我们有了提出并回答这种问题的可能。

额叶中最发达的部分叫作“前额皮质”，它位于额叶的最前端。人们经常称它为执行大脑，或者大脑的大脑，因为它负责指挥大脑中的其他资源和注意力，决定做什么，怎样保持活跃，怎样体会人生的更大场景。你的前额皮质能让你把注意力集中到生活中的重要事项上，比如你的长期健康。为了实现这一目标，它会精心组织复杂的认知和情感技巧，为你提供针对目标采取行动的能力。

前额皮质中的两个部分对有效管理生活具有重要作用，它们分别是背外侧前额皮质和眶额皮质。背外侧前额皮质得名于它的位置，眶额皮质同样得名于位置，因为它正好位于你眼眶的后面，如图1.2所示。

背外侧前额皮质是大脑中最后发育成熟的部分，也是人在晚年最早退化的部分。很多研究者认为，女性的背外侧前额皮质要到25岁才发育成熟，男性则要到30岁才发育成熟。尽管我们很多人都厌恶这个结论，但男性确实发育比较慢。为了形象感受背外侧前额皮质的晚熟，可以想一想我们为什么把年轻人送上战场，这不仅是因为他们身体好，还因为他们和青春期的孩子一样，总是无视危险。如果长官命令他们“抢占那个山头”，年轻的士兵就会争先恐后，希望自己能捷足先登，而年长一些的人（他们的背外侧前额皮质已经发育成熟）可能说：“先等一分钟！上边有一群装备机关枪的士兵在防守，我们现在冲过去就是送死！”

22岁的时候，我曾花一年时间环游世界，当时正逢越南战争和中东的消耗战。我探访了位于老挝、缅甸和泰国边境的金三角地区，还

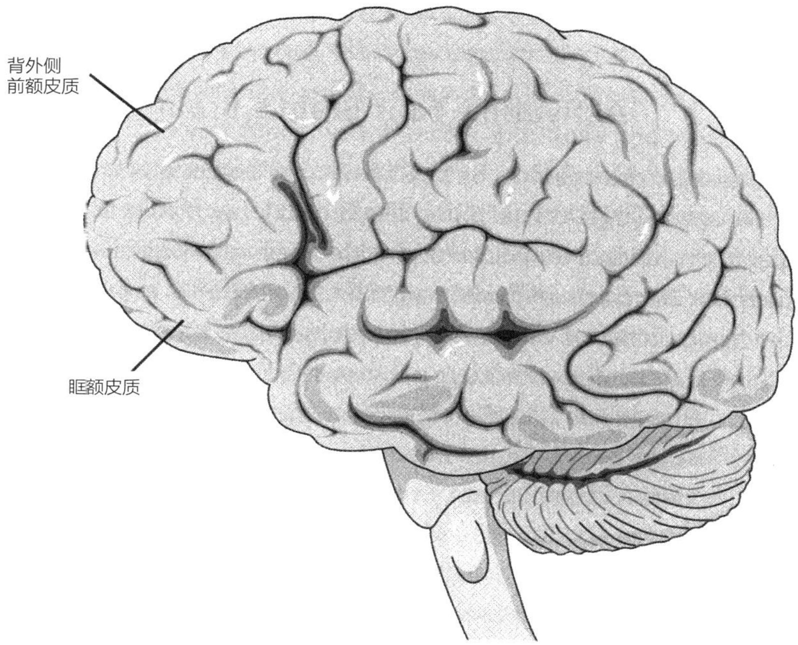

图1.2　前额皮质　（摘自维基百科）

有以色列和叙利亚边境的戈兰高地，这些地方都不安全。如果当时我的背外侧前额皮质已经发育成熟，就不会去那样的地方！

不幸的是，这个最后成熟的部位也是我们晚年最早衰退的部位。这是一条进化规律，最后进化出来的器官生长最慢，在晚年也最早衰退。但是无论如何，你能够锻炼你的背外侧前额皮质，通过神经可塑性保持它的相对健康。

背外侧前额皮质与复杂思维、注意力以及所谓的工作记忆密切相关，因为你在任何时候所关注的事物，都是由它处理的。当你走进房间，却忘记自己要干什么时，就是你的背外侧前额皮质暂停了一下。你总能把自己正在进行的事情在意识里停留20～30秒钟，然后你需要用注意力再次更新它。背外侧前额皮质还关系到解决复杂问题，因为注意力是记忆的必由之路，海马体负责存储长期明确的记忆，背外侧前额皮质要与海马体保持密切联系，这种合作关系有助于你建立记忆。

我们会特别关注并记住新奇的事物，经历某些新鲜事时，比如遇到了一个漂亮或有趣的人，大脑的核心系统就会启动，把这次邂逅编码为记忆，然后前额皮质启动，告诉海马体“记住这个人”。为了确保这份记忆会被编码保存，中脑腹侧被盖区（两条主要的多巴胺神经通道的一部分）和黑质（富含黑色素，脑内合成多巴胺的主要核团）会参与进来，分泌多巴胺，提高注意力和对这件事的兴奋度。所有这些会进一步激活海马体，把这次经历编码保存为记忆，再加上一些乙酰胆碱，大脑就会更加投入，强化这份记忆。

与背外侧前额皮质不同，眶额皮质发育较早，衰退也比较晚，它似乎与扁桃核有密切关系，后者是大脑中处理情绪的部分。因为它有助于调节情绪，眶额皮质与大脑中的其他部分联系密切，使人能够掌握社交技巧。如果你的眶额皮质受到了严重伤害，就有可能和史上最著名的神经病人菲尼亚斯·盖奇一样丧失社交技能。1848年，盖奇在工作时遭遇严重事故，一根铁棍从左眼下方进去，刺穿了头顶，伤到了他的眶额皮质，但没有伤到大脑的其他部位。之后，他又惊人地活了20年之久。盖奇之前是一位主管，因为脾气温和、关心他人而备受尊重。事故之后，他变得脾气暴躁、喜怒无常、粗鲁无礼。尽管他保留了很多认知能力，却丧失了控制情绪冲动的能力，比如，看到一位中意的女士时，他会直接上去拉对方，说话也毫无顾忌，想说什么张嘴就说。他在马戏团待过一段时间，带着那根致命的铁棍扮怪物，最后穷困潦倒，死在了旧金山。

眶额皮质不但是处理情绪、内心和感官信息的重要汇聚中心，它还能通过与扁桃核的大量连接，解释人所经历事情的情感意义。在冲突中，当形势需要逆转之时，它还能控制人的冲动，有助于你控制自己的脾气，从而达到某种合理妥协。

眶额皮质和背外侧前额皮质共同构成了你的前额皮质的重要部分，担负你大脑的执行功能，它们决定什么是重要的、应该记住什么。你的海马体从背外侧前额皮质那里接收指令，后者则关注当前工作记忆中的信息，然后你的眶额皮质通过它自己与扁桃核的连接，从情感上理解这些信息，并联系之前的经验，把所有这些信息发送给海马体，分析、梳理、融合这些信息，使你能够抓住机会，避免危险。

执行大脑（前额皮质）的高效工作非常关键，它就像是乐队的指挥，帮助你根据现在和过去发生的事情进行逻辑推理，预测将来会发生什么情况，并加以准备。自始至终，你都能机动灵活地适应不断变化的情况，根据当前形势，切换到恰当的思维模式中，同时抑制突然间的情绪冲动和分神，最终实现你的长期目标。

所有这些技能都能帮助你有效融入这个世界，没有它们，你就将生活在如大海一般浩瀚的白日梦和无尽的沉思中。磨砺你的大脑，需要你不断培养执行大脑的这些技能。只有专注当下，你才能成为这个世界的积极参与者。

执行大脑，也就是前额皮质，是你大脑的大脑。通过它的不同部分，比如眶额皮质和背外侧前额皮质，它能帮助你做到以下事情。

- 控制情绪；
- 维护社交礼仪；
- 保持专注；
- 坚持有的放矢；
- 思考如何思考（领悟）。

如何调整大脑的默认状态：为什么会做白日梦

萨拉向我抱怨说，她经常在开会的时候陷入白日梦，怀疑自己已经“到了人生的下坡路”。她确实承担了好几份压力：她要帮着不久前离婚的女儿照看孩子，年迈双亲的身体每况愈下，丈夫似乎只投入工作，而不全力维持家务。尽管妹妹们开始帮忙照顾父母，萨拉依然难以专心工作。她越来越担心自己很快无法与那些年轻同事竞争，公司会因此解雇她。她只看到弱点，忘记了长处，渐渐沉溺于回忆过去。

她的情绪设定点有一种焦虑、略带抑郁的调子，我向她解释说，这种模式代表着右侧前额皮质偏移，她需要激活左侧前额皮质，激发出更多的积极情绪。这意味着，她在日常生活中必须更加坚定、目标更加明确，而不是消极逃避。

“我的大脑不是注定好了的吗？它不是遗传的吗？”她问道。

“基因只规定了你的极限，”我告诉她，“你有潜力重塑你的大脑，享受积极情绪，更加专心地投入到周围世界中去。让我们看看你那相对不太活跃的左侧前额皮质，你可以调用它所谓‘趋向行为’的天赋，采取行动做一些事情来快速启动它，你的右侧前额皮质所做的事情正好相反——逃避行为，逃避人群和周围世界，能够激活你的右侧前额皮质，带来更多不堪重负的感觉。你很擅长照顾别人，却不擅长照顾自己，现在是时候多花些精力照顾你自己了，你的感觉一定会好起来的。”

我继续告诉她，旧习惯难以破除，神经可塑性需要付出努力，她必须做一些自己不喜欢的事情，除非她努力搭建新的神经连接，否则大脑就总是在做简单的事情。她可以通过挑战自己，利用神经可塑性和神经形成来重新激活大脑，哪怕她自己感觉还没有准备好。最后，她选择在当地一所专科学校上美术课，每周散步五次。

几周之后，她开始感觉精力略有提升，就好像是大梦初醒一样。我建议她再增加一些益智练习。她选择阅读美术史，准备下学期选修这门课。每一次对话，她培养自己创造力的激情都在不断提升。她惊讶地发现，尽管有了这些新活动之后她更忙了，但工作时的精力却更好了。

在美术史课上，她发现自己特别喜欢文艺复兴时期，因为它强调绘画中的立体关系，更加实际地描绘重要对象。对她震动特别大的是文艺复兴本身的象征意义，她说，因为文艺复兴时期意味着从一段黑暗历史时期中重新复兴，而她自己也经历了从黑暗时期的重新振作。她感觉自己的重新振作带来了对活力的全新认识，也带来了对新体验的渴望，她不再觉得自己在走下坡路了，而是“前方还有很多高山需要探索”。

很少有人能在每时每刻都保持全神贯注，我们大部分人每过一会儿都会进入不自觉的状态，时不时地被周围世界所吸引，陷入想象、沉思或白日梦当中。以开车为例，当你进入“高速催眠状态”，迷失在沉思和白日梦中时，可能一不留神就过去了5英里路，在熟悉地域开车特别容易发生这种现象。

当你的执行大脑休息时，大脑的其他部分却异常活跃。我们可以说是前方另一辆车拐进了你的车道，调动你的注意力，迫使你去安全驾驶。当你超过这辆车，在滚滚车流中找到一个安全位置时，你就又回到了白日梦状态。当你的思绪四处漂移时，大脑消耗的能量是你专心避让前方那辆车时的20倍。换言之，做白日梦的时候，你的大脑并没有真正休息。

以前人们认为，大脑在休息时很难启动，但最近的神经影像研究发现事实并非如此。启动你的大脑阅读一句话，只需要比休息时多消耗一点点能量。换句话说，在无所事事的时候，大脑有一种高度活跃的基准状态，我们每天都有很多时间处于这种状态。

当你没有专心做事或者不需要留意拐到前方的车辆时，你的大脑就处于这种基本活跃水平，即“默认模式网络”，默认模式网络与自发进行的白日梦和沉思有关。默认模式网络需要调用大脑中的很多区域，它们一边喋喋不休，一边处于准备就绪的状态，准备在需要的时候迅速活跃起来，比如把你的注意力引到那辆车上。

这些大脑区域包括内侧顶叶区（包括后扣带回皮质和相邻的楔前叶）和内侧额前区（包括腹侧前扣带回皮层）。内侧顶叶区关系到思考有关个人生活事件的记忆，内侧前额区则关系到想象其他人的想法，以及对自身情感状态方面的思考。当你离开基础的休息状态，去参与一项任务，或者留意前方车辆换车道等事情时，这两个区域的活跃度都会有所降低。

人们认为，默认模式网络就像是一个以自身为参考的乐队指挥，通过时间信号来调节不同大脑区域的活动。默认模式网络确保这些大脑区域已经做好准备，随时对环境中的刺激做出反应，比如努力辨别前方车辆的司机是否喝醉了，是否有必要呼叫高速公路巡逻人员，等等。

你的背外侧前额皮质有助于你关注当下，因为这是大脑中最早萎缩的区域之一。有些人退入默认模式网络的倾向会不断加剧，结果当形势需要他们保持专注的时候，他们却越来越多地陷入白日梦。还有人会转向一种新的基准状态，当他们做白日梦时，情绪更加抑郁、焦虑。如果你发现这些倾向在加剧，则可以强化自己的专注能力，来缓解抑郁与焦虑。

新奇的认知活动能唤醒你的大脑，让它离开默认模式网络，把注意力集中到当下来。比如在回家路上，你可以去一个从未到过的地方，这个经历就是新奇的。或者还有一种更好的方式，你可以继续按照习惯路线走，但要尽力观察之前没有留意过的路边院落、建筑和树木。很幸运，我的日常行车路线穿过加州北部连绵起伏的山区，两侧布满了葡萄园和农田，但我依然提醒自己关注当下，始终锻炼我的专注能力。不论何时，只要专注当下，就能避免陷入你的默认模式网络中。

不论如何，对你当前所处的环境保持专注，或者迷失于白日梦或想入非非，这两者之间总是有一种此消彼长的关系。在经历新奇或有意义的事情时，默认模式网络的活动必须让位于外部世界的需求。之所以会这样，可能是因为你有了之前从未有过的感觉，或者从未体验过的环境，或者因为你突然想起来在下班路上，要顺路去一家百货商店买一些食品做晚饭。

在需要保持专注的时候，如果你的大脑一直被默认模式网络所占据，就会出问题。比如说，想到逛百货商店之后又回退到白日梦状态，回家后你就会发现晚饭没有东西吃。你的背外侧前额皮质没有尽好职责，让你保持专注当下。如果总是发生这种情况会怎样？例如，抑郁的人经常会滑入默认模式网络，而目标导向的任务需求却恰好相反。在抑郁者的默认模式网络中，外界刺激、追求奖赏的行为模式以及大脑中的注意力网络之间的联系很脆弱，或许是默认模式网络回路当中的过分活跃导致抑郁者注意力缺乏，经常陷入白日梦当中。

默认模式网络本身并没有好坏之分。在日常生活中，我们都有退入白日梦、沉思或冥想状态的倾向。在以下几种情况下，默认模式网络是有用的。

- 它成了创造力的源泉。
- 你能够在必要的时候专注当下。
- 你想到了新奇的想法和景象，并将它们与当前时刻联系起来。

另一个与某种特定情绪默认基准有关的研究领域，叫作情绪设定点。比如，很多人都在幻想赢得彩票大奖，幻想自己的生活从此彻底改变，所有的麻烦问题都烟消云散，但有研究揭示，那些赢得百万大奖的彩民们，大约在中奖一年以后，就会回到之前的基准情绪状态。如果他们在中大奖之前有轻微抑郁，之后也会重新回到那种抑郁状态。金钱并不能治疗抑郁，它买不到持久的幸福。类似的，很多人在遭遇毁灭性伤害瘫痪之后，在事后一年左右，就会重新回到他们基准情绪设定点。如果他们是乐观积极之人，只要尽最大努力摆脱逆境，他们就终将回到自己最初的基准情绪设定点。

情绪设定点的概念得到了理查德·戴维森的临床经验的有力支持，他是威斯康星大学情感神经科学实验室主任。他使用核磁共振成像技术和脑电图分析，确定大脑中情绪设定点的指数。他发现，情绪积极的人比较乐观，对生活充满激情，左侧前额皮质的活跃度比较高。与其相反，情绪比较消极、抑郁或焦虑的人，右侧前额皮质的活跃度比较高。当人们紧张过度、感到焦虑不安的时候，他们的右侧前额皮质似乎是和扁桃核（大脑的恐慌按钮）一起活跃的，而左侧前额皮质能够抑制扁桃核的过度活跃以及由此引发的焦虑。

戴维森确定一个人情绪设定点指数的方法，需要检测左右两侧前额皮质的基准水平。如果这个指数偏向于左侧，这个人就倾向于更有激情、更加幸福。如果这个指数偏向于右侧，这个人就倾向于不太幸福，并且经常抑郁。他采集了数百人的数据，绘制出了一份正态分布曲线，曲线的中央位置代表同时夹杂积极和消极情绪的人。

你可以通过集中注意力和坚持锻炼来重塑大脑，使它渐渐变得更容易保持专注和积极心态，从而改变自己的情绪设定点。为了描述人们可以怎样改变他们的情绪设定点，戴维森与乔恩·卡巴特秦合作，后者是马萨诸塞大学医学院正念减压诊所的创建者。在那家诊所，他们用两个月的时间，每周教一家高度紧张的生物科技公司员工三小时正念，并研究其效果。

在接受正念训练之前，这些员工的情绪设定点指数整体偏向于右侧，他们经常抱怨压力过大，并为消极情绪所困。训练之后，他们的这项指数开始偏向左侧，积极情绪开始增加，焦虑变少，对工作的投入也更加专注了。这种专注当下的正念帮助他们更加坚定、冷静地观察自己的情绪，而不是被情绪所牵引。正念训练教会这些员工如何集中注意力，观察或接受每一刻发生的事情，每时每刻保持专注，使他们远离了沉思和消极情绪。这种注意力的转移，还有助于左侧前额皮质的活跃，并更好地抑制扁桃核，扁桃核过度活跃的时候会激发焦虑。这些员工重新设置了他们的设定点，结果收获了更加积极的情绪、更加随和的态度。

这些员工得到的另一个附带好处是免疫系统的强化，在遇到流感病毒的时候，那些接受过正念训练的人更少出现严重的流感症状。他们的情绪设定点向左偏移越多，免疫系统的响应就越显著。换言之，情绪越积极，免疫系统越强大。

要想通过平衡两侧脑半球的活跃度，调节你的设定点，你可以这样做：

- 专注于当下，启动你的前额皮质。
- 带着目标行动，激活你的左侧前额皮质。

正如以上研究所描述的一样，情绪设定点和默认模式网络的基准活动，都代表了一种可以重塑的基准功能模式。在大脑从事熟悉的工作时，基准模式就会自动运行，脑细胞也开始相互刺激、相互连接。你的任务就是要调动你的执行大脑（特别是背外侧前额皮质），压制基准活动，减少这种自动导航的时间。当你专注于当下，执行大脑就会开始运转，使你做出执行决策，决定是否要为某个目标付出努力，而你的默认模式网络就会退居二线，这种此消彼长的关系贯穿终日。戴维森和卡巴特秦的实验也表明，训练你自己更加专注于当下、遵守规矩，就能够把你的默认基准（情绪设定点）调至左边，帮助你更加积极地投入世界。

步入中年时，你会比青年时候更多地处于默认模式网络状态。因此，培育一种健康、积极、乐观的默认模式网络和情绪设定点是非常重要的。培育这些健康的思维网络，需要挖掘你的神经可塑性潜力，需要关注当下的正念行为。接下来的几章里，我会讲到一些重塑基准状态、磨砺大脑的方法。如果你能综合运用这几种因素，你的大脑就能随着年龄增长愈加健康。

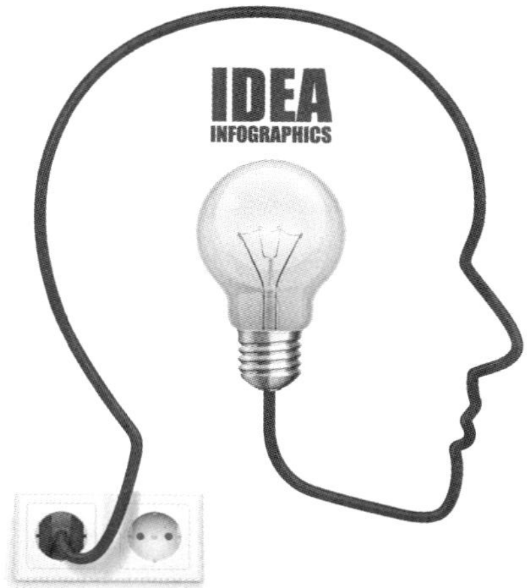

THE BRAIN BIBLE PROGRAM

第二部分

怎样能让大脑更加聪明

CHAPTER 2
THE EDUCATION FACTOR

第二章
教育因素：学到老，才能活到老

克里斯汀之前是一名法院书记官，退休前一年，她调到了文书岗位，感觉自己头脑变得迟钝了。她从一档夜间电视节目了解到职业生涯的最后几年会出现记忆力衰退，便怀疑自己出现了痴呆症症状。我用了一项记忆力测试和其他一些检查方法，结果显示她没有患痴呆症。她回忆说，她的注意力在更年期时就出问题了，直到现在，不论她怎样休息，这问题依然存在。

她以为是自己"用坏了"脑子，这种看法反映了对大脑工作模式普遍存在的一种误解。事实上，大脑是用进废退，而不是越用越磨损。她试图通过看电视来获得休息，下班一回家就打开电视，直到上床才关掉，甚至会整夜开着电视睡觉，当然，吃早饭的时候她也会看早间节目。

"你有没有抽出时间来读书，或者用心做一些其他事情？"

她笑了起来，"你在开玩笑吗？你知道我为了生计有多操劳吗？作为一个法院书记官，我必须加倍留意法庭上每一个人说出的每一个字，回到家当然要让大脑歇歇了，好为明天的工作做准备。"

这又是一个司空见惯的误区，人们通常认为停止思考会对脑子有好处，事实上，越是缺乏使用，大脑就会衰退越快。

有趣的是，100年前，休息是妇女们的一种常用疗法，医生总是建议压力过大的妇女注意休息。相反，同一时期的男人们却向西部远足，来让自己恢复活力。泰迪·罗斯福和沃尔特·惠特曼就采用了这种“远足疗法”，回来时更加强壮，而使用休息疗法的妇女们却很少取得这样的效果。

我建议克里斯汀挑战一些智力技能来强化自己的认知储备，这种思维训练能使她构建的突触连接增多，从而延长大脑的寿命。

最后，尽管她辩解说自己学习的激情早就燃烧殆尽了，还是去进修了美术史课程，这是她过去最喜欢的领域。并且，在我的鼓励下，她开始选择性地看电视节目，不再让这种娱乐活动继续麻木自己的大脑。

她很害怕晚年患痴呆症，这种恐惧正是她认为自己需要让大脑休息的理由之一，如同她在储备精力，等以后再用。当她认识到尽可能磨砺大脑会影响到它今后多年的健康时，她的态度就发生了大转弯，积极投身于各种挑战脑力的活动中，不出意料，她的思维越发活泛，外表和言谈都更加健康，全身散发出美妙的学习激情，这令我高兴不已。最后一次见面时，她笑着说：“我简直不敢想象现在的我会说这样的话，但情况就是这样，我想知道很多东西，学习的时间总是不够！”

教育因素调查问卷

阅读下列问题，在相应答案上画钩。

问　题	是	否
你是否认为拥有一份大学文凭之后，就不需要继续学习了？		
你是否有过工作或生活压力过大的经历，是否认为最好的方法就是不再压榨你的脑子？		
当你学习的时候，是否总是停留在自己熟悉的课程领域？		
你是否认为类似看电视教育节目这样的消极学习，和需要不断努力的积极学习同样有价值？		
你是否会因为非虚构书籍过于枯燥而远离它们？		
你是否觉得象棋之类的游戏太复杂，就敬而远之？		
你是否认为思考是一种认知锻炼？		
上课或研讨班这样的系统学习，是否太枯燥？		
当你旅行的时候，是否会去那些已经去过很多次的地方？		
你所掌握的知识，是否已经足够满足你的需求？		

对上述问题肯定的回答都将限制大脑，削弱它培育强大认知储备的能力。

■ 学习如何保持、延长大脑的活力：101岁的玛丽修女

较高的受教育水平与大脑的健康长寿息息相关，根据成年人发展研究，在60岁的普通人群中，只有三分之一能够活到80岁。与此对比，接受过大学教育的人，能活过80岁的比例超过三分之二。

通常情况下，受过高等教育的人更会照顾自己，关心自己的饮食、锻炼，也能获得更好的医疗条件，用一句话来说，这些教育水平更高的人，更留心什么样的生活方式有助于保持健康。

麦克阿瑟基金会一项有关安度晚年的研究发现，教育程度是对老年认知能力最有效的预测因素。哈佛大学对老龄化的一项最长跨度研究发现，教育是成功老龄化的一个主要因素：要想活得更久，不仅身体毛病要少，头脑缺陷也要少。

在上文中我们谈到，更短的染色体端粒会加速变老。伦敦大学的研究人员对450名53~76岁的公务员进行了一项研究，发现染色体端粒长度与受教育水平有关，受教育水平较低的人，端粒长度也比较短。

阿尔伯特·爱因斯坦医学院的罗伯特·卡茨曼，率先发现教育程度较高的人罹患痴呆症的比例较低。教育产生了一种保护性效果，使人们免受痴呆症之扰。一些研究认为，教育程度较高或者智力发达的人出现痴呆症（包括阿尔茨海默病）的风险要低35%~40%，即使他们患了阿尔茨海默病或大脑疾病，症状也较为轻微。在解剖检查受过高等教育的人的大脑时，发现了斑块和缠结的迹象，而令人震惊的是，多达20%的人在日常生活中并没有表现出任何问题，尽管他们的大脑中也充满了阿尔茨海默病的病变，这些人晚年的大脑功能依然保持高度正常就是因为教育的保护效果。

《新英格兰医学期刊》发表的一项研究报告说，他们对老年人的休闲活动进行了20年的跟踪调查，发现参加脑力活动更多的人出现痴呆症症状的可能性更小。每周参加一次脑力活动可以降低7%的痴呆症风险，频繁参加脑力活动的人罹患痴呆症的风险更是骤减63%。也就是说，大量参与益智活动的人，出现阿尔茨海默病症状的风险更低。每多参与一种认知活动，该风险就会降低8%~38%。在检查中，大约10%

的大脑都被检出了阿尔茨海默病病变，包括典型的斑块和缠结，其中学术成就较高的人，虽然大脑中也出现了病变，却很少表现出认知衰退的迹象。

教育是怎样保持大脑活力的呢？就像克里斯汀发现的一样，教育是一种有力手段，能够对抗思维迟钝，神经科学表明，它是大脑健康的关键因素，通过用进废退的方式磨砺大脑。一段时间的学习，能像锻炼肌肉一样锻炼大脑，不使用的肌肉会萎缩，大脑也必须不断锻炼，加以强化。

教育能够丰富你的突触连接。你大脑中生成的突触连接越多，就有越多的连接可以失去，而不丧失认知能力，这就是“认知储备”的意思，它是你大脑长寿的安全保障。不妨这样考虑：认知锻炼激发神经可塑性，增加突触连接数量，给你更多的大脑储备，去抵抗任何神经损失。用体育类比，就好像你有很多替补选手可用，当场上队员受伤时，你的队伍依然可以继续比赛，而不会有严重损失。从一种底线的角度来看，你拥有的越多，可以失去的就越多，而不会出现亏空。

建立认知储备需要神经可塑性和神经生成。你的1000亿个神经元，平均每一个都与其他神经元有10000个突触连接，就像上文所述，神经可塑性涉及建立、强化和巩固新的突触连接。因此，认知储备会建立密集、复杂的突触连接系统，在你努力拓展思维的同时，它们也不断成长、强化。认知储备赋予大脑力量，让它在变老时依然保持聪明。当然，认知储备不是生来就有的，你必须参与认知活动才能建立它。已有大量研究表明，人们可以通过认知锻炼来培育建立大脑储备。

学习锻炼你的大脑，可以保持它的活力，这种巨大好处的最直接证据当属大脑受伤、中风或者是罹患痴呆症之后。在医疗中心里，神经康复需要多种类型的认知康复，包括注意力训练和言语治疗。尽管被破坏的细胞已经不可挽回，但你可以通过补偿性的神经可塑性，建立新的突触连接回路。例如，弗瑞德的左侧脑半球中风了，身体右侧的肢体活动都很困难，之所以发生这种情况，是因为大脑的左右分别控制相反一侧的身体功能。同时，语言一般是由左侧脑半球控制的，弗瑞德还有可能出现失语症（找不到合适的语言进行表达，叫作布罗卡氏失语症；无法理解别人说的话，叫作韦尼克氏失语症），他的康复需要言语治疗，才能培养出补偿性的神经可塑性，重塑语言功能，而且，他现在要把没问题的左手绑起来，强迫自己使用右手，以便重塑大脑中的右手运动回路。尽管一开始会非常笨拙，但他最终将重塑他的运动回路。

当然，你可以使用同样的神经可塑性和神经生成过程，在健康的状态中建立强大的认知储备。没有建立这些认知储备，你就不会有更多的脑力储备，就无法保持你的头脑聪明。换言之，建立认知储备能够促进大脑长寿，减轻伤害和疾病给大脑带来的损耗和破坏。

人们研究认知储备已经有半个世纪了，最初是研究动物（主要是老鼠），这些研究被称为“强化研究”，一般是把动物放在某个刺激环境中强化它们的大脑，这促进了新的脑细胞的生成，包括灰质（神经元）和白质（神经胶质），特别是在海马体和枕叶部位，新神经元的出现尤为明显。同时产生的还有新的血细胞和脑源性神经营养素，以及某些神经传递素，比如血清素和乙酰胆碱。

因为神经可塑性及其产生的认知储备存在，终身学习对神经有保护作用。有关强化成年人大脑的研究关注了多种认知活动，例如，都柏林三一学院的神经科学家伊恩·罗伯逊报告说，从大约3000名65～94岁的人当中选取一些人，在几周时间里对他们进行累计10小时的记忆、解决问题和决策训练，这些人表现出了显著而持久的认知能力提升。一年以后，又给这些参与者进行了强化训练，结果他们的智力功能得到了进一步改善，大约相当于一般老年人7年～14年才会丧失的智力。就像罗伯逊指出的一样，“该训练让这些志愿者的平均认知年龄年轻了十岁。”

著名的修女研究项目描述了认知储备的一个经典例子，明尼苏达州曼卡托市圣母院的修女们以长寿和远离痴呆症而闻名于世。这些修女定期参加很多认知锻炼，包括时事辩论、猜谜语和打牌。尽管作为一个整体，她们的认知能力好于常人，但在她们这个群体内部，健康水平也因受教育程度不同而参差不齐，那些拥有大学文凭、经常进行教学的人，比其他受教育较少的修女更长寿。

研究还对修女的认知能力进行终身跟踪。因为修女学校保留有她们的档案，其中有她们的小传，记载了她们20岁的情况，这些记录根据她们写作的语法复杂性和掌握概念的多寡评级。那些撰写更加复杂自传的修女们，更容易长久保持她们的认知活力。

玛丽修女是修女研究项目中的明星，她聪明，受过良好教育，思维活跃，活到了101岁。直到去世前，她在认知测验中的表现还非常好，尽管后来的解剖发现，她有很多神经纤维缠结和斑块，而这两者都是阿尔茨海默病的特征。显然，与其他受到同等程度神经损伤的人相比，她有足够的认知储备，才避免了出现明显的认知衰退症状。玛丽修女为认知储备的存在提供了一个活生生的例子，她用智力和社交活动挑战自己的大脑，让它一直保持聪明。

就像玛丽修女一样，想要给大脑带来更多益处，认知锻炼就不能太过局限。拿锻炼身体打比方，如果你把所有的努力都用来锻炼肱二头肌，结果就是你的肱二头肌异常发达，而其他所有肌肉都会萎缩。同样，如果把你的脑力集中在某一项技能或某一领域，这种狭隘的聚焦就只能促进你的某一项天赋，改善大脑中的某一个特定区域。那样的话，你记忆该领域信息的大脑区域或许会得到改善，但拓宽自己的聚焦面能实现更强大的大脑训练。

新奇和复杂的经历能够强化认知储备。比如说你对加州领事馆区的建筑感兴趣，单纯关注这些建筑的房顶是有局限性的认知锻炼；如果你探索西班牙驻加州领事馆的历史沿革，挖掘相关的历史事件和建筑风格，就能从更大范围上刺激大脑，建立更广泛的突触连接网络。你的认知锻炼应该不断开发新领域，在之前一无所知的领域拓展知识，这样，就能建立新的神经连接，而不是继续学习你之前就知道的领事馆建筑细节，那样只能强化原有的神经连接。如果你还能拓展知识，挖掘当时的世界历史变迁，就能建立更加复杂的突触连接网络。

幸运的是，我的一些亲戚朋友身上体现了认知储备的概念。当我还是个孩子的时候，我慈祥的外祖父已经80岁了，因为健康原因搬来与我们同住。即使在他人生的最后几周时间里，他也坐在床上，拿着放大镜，每天翻字典学习六个新单词。他精通五门外语，在亚美尼亚大屠杀中，他失去了第一任妻子和第一个孩子。他把教育看作人生成功的关键，我和他的每一次谈话，核心都是教育的力量。尽管他对大脑科学所知甚少，但他知道教育是战胜他之前所有遭遇的法宝。

我父亲也是一个很好的例子，他培养了大量的认知储备。从法学院毕业以后，在将近60年的时间里，他每年都选修一门大学课程，学科涉及地质学、海洋学、美术史等，直到去世前，他还在攻读美术研究生。他后来学习的这些内容，比又上了两次大学还多。每一年，他都要去巴黎待一个月，去卢浮宫泡一个星期，还会去毕加索博物馆，我因此经常取笑他："爸爸，我记得你告诉过我，你不喜欢毕加索的作品。"

他回答说："确实不喜欢。"

"那你为什么还要去那里？"

"因为那里很有趣。"

他去博物馆，看自己不喜欢的艺术家的作品，并从中寻找乐趣，这正体现了认知储备的关键。如果你努力去理解、欣赏、挖掘自己不熟悉甚至不喜欢的事物，就会拓展自己的认知储备。之所以会出现这种情况，是因为学习欣赏、理解新事物，能够促使你关注一个陌生的领域，迫使你的大脑建立新的突触连接。就像在未开发的荒野修建桥梁道路一样，你的大脑会建立新的网络；就像在陌生的国土旅行一样，你需要处处留心，把自己从熟悉的领域中解脱出来。

和父亲一起去毕加索博物馆两次，我能看出他并不喜欢，但似乎还在尽力理解毕加索的晚期作品。他非常喜欢印象主义，特别是雷诺阿，甚至还包括毕加索在他"蓝色时期"（1901—1904）的作品。当毕加索的作品进入"立体主义时期"以后，父亲就意兴阑珊了，但是毕加索和布拉克可能觉得，像我父亲这样的人，站在他们的画作前会受到启发，从看似凌乱的画面中找到秩序的感觉，从而给他们一个挑战的机会，让大脑离开舒服的区域，建立更复杂、更多的突触连接，从而建立更多的认知储备。

■ 怎样强化我们的记忆系统：神奇的数字7

规避"鸡尾酒效应"，保持工作记忆

注意力和记忆技能是建立认知储备的基础，短期记忆只是一系列认知技能的一个方面。1956年，当代心理学家乔治·米勒的标志性论文《神奇的数字7，加2或减2：我们处理信息能力的一些限制》在标题中

指出了文章的核心观点，大脑的记忆功能有天生的限制。他指出，世界有七大奇迹、音乐有七个音阶、人生有七个年龄阶段，甚至电话号码也是七位，这并不是偶然。

当你变老的时候，大脑中有一个区域会逐渐萎缩，那就是背外侧前额皮质，它关系到注意力和工作记忆。当你去一个房间拿钥匙时，你就是在从事一个目标，但如果你来到房间之后，却忘了自己要干什么，那就是你的工作记忆在开小差。或许在你去房间的路上，有人和你说话聊天了，然后，你走进房间，工作记忆因为分散了注意力，已经忘了自己在干什么，这种情况很常见。

工作记忆，是指你最多记忆20～30秒信息的功能，你需要在脑子里掌握并熟练加工一些瞬间细节，才能依靠它们完成任务。分神可能让你暂停任务，而工作记忆是控制注意力的关键。在阅读本章的前半部分内容后，我的妻子发明了一种“30秒法”，并迷上了它。当有人打断她的工作时，她就会说“30秒”，表示她最多给对方这么长时间，从而确保自己有足够的注意力，记忆大量工作细节。

艾伦·巴德利是这一领域的主要研究者之一，他提出：“工作记忆的概念，是指大脑系统为类似语言理解、学习、推理等复杂认知任务，提供必要的临时存储和信息处理功能。”在与之相对的长期记忆中，随着新蛋白质的产生，突触连接会发生永久性改变，但工作记忆是临时的，通过几毫秒就能完成的脑电波活动，提供一种存储临时信息的手段。脑电波活动越多，这些连接越强大，工作记忆越好。当你忘记正在进行的工作时，这些活动模式也会被打断，例如，当你试图完成一项任务时有人和你搭讪聊天，就会出现这种情况。

不过简单的短期记忆只能容纳、重复类似一串数字这样的信息，工作记忆加上短期记忆能够完成任务，但是当你出现某种形式的分神，或者需要同时进行多项任务时，就超出了它们的信息处理能力。工作记忆可以描述为你在短时间内处理信息时，保存信息的能力以及与其相关的神经活动。

从各种原因来看，工作记忆都与智力高度相关，特别是所谓的“流体智力”（一种以生理为基础的认知能力，如直觉、记忆、运算速度、推理能力）。流体智力涉及处理速度，以及在大脑中掌握信息或概念、寻找解决方案的能力，心算数学题就需要利用流体智力，并有赖于工作记忆。

当我们年老的时候，处理信息的速度和反应时间都会变慢，与此同时，听觉、视觉等感官输入也会趋于迟钝，加上背外侧前额皮质的萎缩，保持专注的能力会退化，灵活性也会变差。我们需要做出更多努力，才能坚持不分散注意力，始终保持专注。因此，适应新环境，在新形势下解决问题，在专注的同时保持敏捷和灵活，会变得越来越难。

因为这些损耗，流体智力会随着年龄增长趋于衰退。但与其相反，晶体智力（对从社会文化中习得的问题解决方法进行应用的能力）不会随着年龄增长而衰退。它涉及对经验的长期记忆，以及对一般常识的获取。因此，晶体智力会随着年龄增长而增长：我们活得越久，积累的经验和信息就越多。

随着年龄的增长，中年时期的晶体智力会不断增加，但流体智力会不断衰退，部分原因是从30岁以后，工作记忆的能力也在同时衰退，到60岁以后，衰退就更加明显。事实上，60岁人的工作记忆平均水平只相当于12岁儿童。尽管随着年龄增长，有关语言技能和经验的晶体智力会不断增长，但大约在80岁以后，很多人在理解复杂的长句时，还是会遇到困难，这个问题与大脑处理速度和注意力的衰退有部分关系。

随着年龄增长，工作记忆以及相关的流体记忆会逐渐衰退，坚持不走神也就变得愈加困难。在生活中，我们会遇到大量的刺激，需要一种方式过滤掉那些令人分神的事物，这样才能高效关注重要的事务。过滤这种垃圾信息，需要前额皮质和基底神经节的大量活动，这些区域活跃度较高的人往往会有更好的工作记忆。控制注意力的能力是在高速公路上驾驶的基本要求，这样看到路边的广告牌才不会分神，因为被它分散注意力可能导致致命事故。

当走神掺杂了社交和情感因素之后，情况就更加复杂。假设你正在前往一家小卖店，打算买一些食材，为晚上的宴会做准备。你进入小卖店时，突然意识到购物清单落在了家里，当你绞尽脑汁回忆那份购物清单时，又遇到了一个朋友和你聊天，但他并不在你今晚宴会的名单上，于是你一边购物，一边聊天。在这种情况下，你有没有可能少买一两样东西？非常有可能。

受控注意力和刺激驱动注意力代表了同时存在的两种注意力系统，当你有意引导你的注意力到一项任务时，比如回忆购物清单上都有些什么东西，使用的是受控注意力。相反，当你无意中被一件偶然事件所吸引时，比如在努力回忆要买什么东西时遇到了那位朋友，使用的是刺激驱动注意力。

大部分人在宴会上与人聊天的时候，能够过滤掉其他人的聊天信息。但当你与一个人聊天时听到其他人提到你的名字，就会产生一种“鸡尾酒效应”——你会把注意力转移到旁边，离开最初和你聊天的人，然后又回到最初聊天的那个人身上，直到刺激驱动注意力系统再次发挥作用，这种随境转移的程度代表了受控注意力系统和刺激驱动注意力系统之间的动态变化。研究表明，三分之一的人会在鸡尾酒晚会这样的环境中分神。那些工作记忆能力最差的人，在这样的环境中也非常容易受影响。当信息负载超过工作记忆的能力时，刺激驱动注意力系统就会开始运转，工作记忆就会失效。当一项任务过于劳神费力时，工作记忆的负载就会加重，刺激驱动注意力系统就有可能启动。因此，一个人处理多任务的能力，是与其工作记忆的信息负载程度相关的。

在开车的时候打电话是工作记忆负载和危险区的一个好例子。一边开车一边打电话，其危险性相当于酒后驾车。根据人因学和人类工效学学会的研究，美国每年因为司机打电话，平均导致5600人死亡，333000人受伤。现在，在我所在的加州，开车打电话属于违法行为。尽管如此，我依然经常能看到这种现象，他们总是抱着一种侥幸心理，想着那句俗话："这永远也不会发生在我头上。"每一天，当我眺望通向医疗中心和我办公室的公路时，都会注意到十字路口的"×"标记，就是在那里，一个打电话开车的人撞死了一位摩托车司机。

因为注意力和工作记忆代表着长期记忆的入口，分散注意力会关闭我们记忆的大门，中年人比青年人更容易走神。使用核磁共振成像技术，多伦多大学神经学家谢丽尔·格瑞迪发现，先给青年人看一些单词或图画，在要求他们回忆这些单词或图画时，他们背外侧前额皮质的活跃度会提高，同时做白日梦的默认模式网络的活跃度会降低。年纪较长的中年人则相反，他们更少使用背外侧前额皮质，更多使用默认模式网络。

不妨问问自己，开车时，是否比以前更多处于高速催眠状态？换句话说，你是否发现自己一边开车，一边陷入了白日梦当中，甚至错过了预定路线的转弯路口？你有没有在更多时间里"思绪飞到了九霄云外"，陷入了莫名的沉思，而不是专注于当下？如果你对这些问题的回答是肯定的，你处于默认模式网络的时间就在增加，锻炼前额皮质的时间就在减少。

通过锻炼能够改善工作记忆吗？为了回答这个问题，斯德哥尔摩卡罗琳斯卡医学院老年研究中心的托克尔·克林伯格，对青年人和老年人进行训练，试图提高他们的工作记忆。结果，多种大脑工作模式的“重叠”区域都出现了显著变化，包括背外侧前额皮质和顶内沟，后者被认为是有关工作记忆的关键区域。

事实上，在过去几年里，大量研究表明，人们（包括老年人）能够通过学习改善他们的工作记忆技能，某些这样的训练项目使用了电脑程序，还有一些则强调冥想技能。

最近流行的一种冥想练习叫作正念，它代表了聚焦工作记忆的一个例子。训练让自己完全沉浸于当下的能力，可以锻炼你的注意力技能和背外侧前额皮质，我曾指出，人在变老时，后者很早就容易萎缩。正念是一种非常好的方法，能够教你专注当下。我们大部分人太过频繁地退回默认模式网络，却很少能专注于此时此地。我们花费了大量时间，反思甚至沉湎于过去，或者过分关心甚至担忧未来，培养一种专心活在当下的能力，实际上有助于你长期记忆的编码。

像牢记9·11那天自己做的事情一样拓展长期记忆

长期记忆系统可以分为两大类：隐式的和显式的。隐式记忆经常被称为非陈述记忆，因为它是无意识的，因此无法说出来。程序记忆就是一种隐式记忆，你可以通过一种行为习惯来实现它，比如骑自行车或打字。一旦你养成了某种习惯，或者学会了怎样在一边说话一边在自行车上保持平衡，或者在打字的时候找到了正确的指法，以后只需要做就行，不必思索，也不必回忆，这就是“隐式”的含义，一旦学会了，你不需要思考或者有意说出来，它就隐藏在那里。

像拉小提琴或者骑自行车这样的程序记忆，不会随着年龄增长完全消失殆尽。我记得在我母亲晚年的时候，她曾拿过我的曼陀林演奏，而她之前从来没有弹过曼陀林，原因是曼陀林很像小提琴，而她记得怎样拉小提琴，也就“记住”了怎样拉曼陀林。更惊人的是，她这时已经40年没拉过小提琴了！

很有趣，一旦你学会了某种隐式记忆，你的前额皮质就不再需要回忆它了。事实上，如果你继续把前额皮质拉进来参与，隐式程序记忆就会受损。例如，在骑了大半辈子自行车之后，如果你想太多怎样骑车，可能就会左摇右晃。或者在打字的时候，如果你过分去想字母“r”或“t”分别在键盘的什么位置，出现错误的可能性就会提高。你可以利用这种现象给自己增加优势（虽然我从来没有大胆尝试过），比如当你在网球比赛中明显落下风时，提问你的对手：“你是怎样打得这么好的？你能突然跳起2米高吗？你的肘部弯曲吗？”这样你就把他的前额皮质拉进了比赛，他就会更加有意识地去想。再打球时，他的注意力已经转移到了那些细节上，步伐就会开始混乱，打球不是出边线就是出底线，甚至直接触网，比分很快就会大逆转！

另一种隐式记忆叫作情感记忆。你在某个地方，或者与某个人相处时，会培养出一种特殊感受。你不知道为什么，就会对这个人产生这种感觉。基于情感的隐式记忆是受扁桃核控制的。

从本质上来说，扁桃核就是一个关联检测器，记忆不同事件的激励价值，它有助于促进对重大情感刺激的注意力。它协调组织很多生理反应，启动“搏斗或逃跑”反应。

如果你在年轻时或者过去某段时间，在与某个人相处时，学会或养成了某种习惯，当你看到一个类似的人时，就会诱发产生同样的行为或情感。这就是基于情感的隐式记忆在发挥作用。如果有人触怒了你，隐式记忆就能非常快地将其进行编码、记忆，不论何时再遇到这个人或者类似的人，你都可能感到焦躁不安，却“忘记”了原因。

与隐式记忆相反，显式记忆则关系到你能有意记住的东西，它就是你通常所想的记忆类型。你可以回忆它们，说出它们，因此常常被称作“陈述性记忆”。这些记忆包括人名、地址、生活事件等，它们是经验、文字、描述、一系列事件，或者你对某种人的感觉。

从一个名叫亨利·莫莱森的人身上，我们学到了很多有关显式记忆的知识。他在1954年做手术时摘除了左右两侧海马体，丧失了显式记忆。直到2008年12月去世，他都认为艾森豪威尔是美国总统。对于亨利来说，每天都是新的一天。如果你在周一与他见面，周二再次相逢时，他还会认为这是第一次见到你。

在他9岁那年，由于一场车祸，他的大脑受到了严重伤害，为了治疗不断恶化的癫痫病，他做了这场手术。在他27岁那年，他的父母想帮他永久治好癫痫病。维尔德·彭菲尔德医生开创了这种手术疗法，将癫痫发病的大脑区域摘除。如果你觉得这种疗法太诡异，不要忘了还有前脑叶白质切除术这样的疗法。事实上，安东尼奥·莫尼斯就是因为发明了前脑叶白质切除术，获得了1949年诺贝尔医学奖。亨利一家住在康涅狄格州，他父母带他到附近的哈佛大学，找到一位名叫威廉·斯克维尔的神经外科医生，接受了那次手术。不过，斯克维尔事后承认，在手术过程中，当他摘除亨利的左侧海马体时，他想：“我已经到了这个地步，何不把他的右侧海马体也摘掉，看看结果会怎样。”

斯克维尔惊慌地发现，尽管亨利的癫痫病治好了，但他的显式记忆功能丧失了，于是他向正在蒙特利尔市执教、从医的彭菲尔德请教。彭菲尔德联系了神经心理学家布伦达·米尔纳博士，之后，米尔纳博士每个月坐火车去一次哈佛大学，使用多种神经心理学测验为亨利做检查。每次亨利见到她时，都认为他们是初次见面。有一天，她带了另一位神经心理学家一起去，对方手里拿了一个玩具蜂鸣器，当他们和亨利握手的时候，蜂鸣器的响声逗笑了双方。第二天，两位神经心理学家又来了，亨利再一次客气地和米尔纳博士握手，好像是第一次见到她。当另一位心理学家伸出手时，亨利一把把他抱过来。心理学家问：“怎么了？我们之前见过吗？”

“不，我这辈子从来没有见过你。”亨利回答说，然后礼貌地转换了话题。亨利丧失了他的显式记忆，但同时保留了他的隐式记忆，所以他感觉这个人很熟悉，却不知道为什么。

亨利在手术之前的显式记忆是好的，之所以这样，是因为手术后没有海马体来帮助他存储记忆了，它们通过激活大脑皮层的神经元，对显式记忆进行编码。大脑皮层中被激活的神经元越分散，记忆就越牢固。换言之，你为某个记忆建立的连接越多，以后记得它的可能性就越大。当大量分散的神经元相互刺激时，记忆就更加牢固，这就是为什么人们为了准备考试，需要及早开始学习，并根据一定的周期规律学习的原因。一旦大脑皮层中的记忆得到巩固，对海马体输入的需求就会降低，除非再有新的记忆，需要和原来的记忆相关联。海马体是一种临时需要，把新大脑皮层中的分散记忆综合起来，代表一个整体记忆。如果把大脑比作一个图书馆，海马体就是记忆数据库的索引。

海马体还是一个奇特的检测器，能够对比输入信息，并存储知识；如果有不同的新信息，多巴胺的水平就会升高。它具有把新老信息捆绑在一起的功能，某项记忆在大脑中存储两年以后，它就不再发挥作用了。

海马体和扁桃核常常一起工作，建立包含显式成分和隐式成分的复杂记忆。扁桃核是一个关联检测器，辅助产生响应重要情感刺激的注意力。它会对你生活中的相关事件产生情感驱动反应，并协调组织一系列心理反应。因为注意力是编码新记忆的关键，适当的扁桃核活跃度，对促进神经可塑性和新记忆最为有利。刺激太少（例如厌倦）或太多（例如心理创伤）都不利于编码新记忆，其效果变化就像是一个倒过来的“U”形。在这个头朝下的倒“U”形中，最高点是在中间位置，它指出了对大脑活动效果最佳的刺激水平。

太多的紧张会扰乱前额皮质，太少的紧张（动力）会让你感到无聊，使你的前额皮质处于空闲状态。适度的紧张是最好的，它能启动前额皮质，这种倒“U”形现象的背后是神经化学的作用。大脑需要适度水平的去甲肾上腺素，才能启动前额皮质，巩固记忆。去甲肾上腺素不足，将无法最好地激活前额皮质，去甲肾上腺素过多，又会使前额皮质停止活动。你能记得自己的假期，却会忘记假期两个月之前的事情，这就是其中的原因之一。

当你的扁桃核和海马体协同工作时，你的记忆就会更加持久。想一想闪光灯记忆，很少会有人忘记自己在9·11那天所做的事情，但人们忘记前两个月所做的事情是稀松平常。不止在美国，在世界各地的众多演讲中，我都曾和听众互动，请那些忘记自己在那可怕的一天做什么的人举手。在澳大利亚的珀斯，100名听众没有一个人举手，在南非的互动也同样如此。但在这两次演讲中，当我问起9·11之前两个月的记忆时，没有一个人还有印象，这说明他们已经忘记了自己在那之前两个月所做的事情。

除非你在之前那两个月有过非常重要的经历，比如抱上孙子了、度过了一次改变人生的假期，或者有亲友去世了，否则你的扁桃核不会把那两个月的经历当作重要事情来编码记忆。但是9·11不一样，那天的警报不仅震撼了纽约市，也震惊了全世界，我们的扁桃核都被高度激活，我们的前额皮质也加强了它们的注意力，紧密关注事态的发展，挖掘大量的潜在后果。

显然，对于大多数人来说，9・11之前几个月的事情，对他们的扁桃核和海马体来说没什么重要意义，但9・11那天的事情与众不同。海马体被巨大的新奇感调动，进而刺激了扁桃核和相应的神经化学物质。在前额皮质更加活跃的时候，我们的工作记忆就会增强。

活跃过度也会损伤记忆，就好像是受到了精神创伤一样。大部分亲身经历9・11的人都不会忘记那一天的灾难，但是他们对事件的记忆支离破碎，甚至杂乱无章。他们的前额皮质注意力当时完全集中在怎样保护安全上，同时在纽约发生的其他很多事情与他们的安全无关，就完全得不到他们的关注。

你当然不需要经历9・11事件才能让扁桃核和海马体协同工作，但你确实需要为你想要学习的事物感到兴奋。例如，很久以前，我参加心理学证书考试时，就知道我必须通过考试，因为我和妻子很快就要有孩子，孩子出生后，我就不可能再有大量的学习时间。在20世纪80年代中期，这门考试的通过率为26%，所以我需要更加认真对待，确保自己能通过考试。我还需要最大化倒“U”形的高点，如果总是拖拖拉拉，到最后一分钟才学习，我就会准备不足；因为患得患失担心考不过，过分的焦虑就会关闭我的前额皮质。在这种情况下，自主神经系统的交感分支就会飞速运转，进入“搏斗或逃跑”模式，我的大脑血液里就会充满紧张的化学物质，比如肾上腺素、去甲肾上腺素、皮质醇等。

在扁桃核编码、巩固记忆的过程中，去甲肾上腺素和肾上腺素扮演了核心角色。适当水平的此类儿茶酚胺（译者注：儿茶酚胺通常是指去甲肾上腺素、肾上腺素和多巴胺等激素）和恰当高度的倒“U”形，对全谱记忆是最好的。这些紧张神经化学物质的活跃度不足（例如厌烦）会导致注意力不足，记忆不牢。活跃度过高，会以放弃对其他事物的注意力为代价，高度专注于威胁或危险。

由于博士学位获得者的培养目标是成为科学家，当时的考试特别强调统计学、研究设计、测验构造，所以我知道必须让自己的扁桃核投入其中，并让自己确信我喜欢统计学，而不是像某些人一样称之为“痛苦学”。我转变态度，这样思考：“你搞懂标准差公式了吗？它简直太美妙了！”我把这些公式写在小纸片上，放在口袋里，每当在超市收银台前排队等结账时，我就会拿出来，复习这些漂亮的公式。通过我的专心致志，我的扁桃核发挥作用，海马体也得到了必要的激发，将公式编码为记忆。你或许想知道我现在是否还记得那些公式，好吧，实际上我现在又回到了基准状态。在通过考试之后，我再也没有用过那些公式，不过，我肯定记住了怎样编码并“回忆”某种记忆。当你的扁桃核和海马体协同配合时，你想要记住的内容在大脑中就更有意义，你的记忆就会得到强化。

事实上，衰老会导致扁桃核的轻微萎缩，根据研究，它大约会萎缩2%～20%。核磁共振研究表明，与健康青年人相比，健康中年人的扁桃核体积平均会缩小7%。在60岁以后，萎缩最为严重，这减少了反应过度的倾向，有助于让生活更加从容。对于肥胖、糖尿病、高血压、睡眠呼吸暂停、皮质醇水平过高所导致的神经毒性效应，海马体显得尤为脆弱。阿尔茨海默病患者的海马体通常会萎缩14%～60%，在他们的海马体和内嗅皮层上，有明显的斑块和缠结。

正如上文所指出的一样，刺激海马体中神经生成的最佳方式之一就是有氧运动。有氧运动之后，大脑会分泌脑源性神经营养素，在它的促进下，海马齿状回中会长出新的神经元。因此，运动之后进行认知锻炼会达到最佳效果。

克服话到嘴边说不出来，改善你的记忆技巧

如果你和大多数人一样，年纪一大，就想不起一些人、地点，甚至是电影的名字了，这就是我们常说的“话到嘴边说不出来”（TOT）的现象。这种现象是大脑在检索分散在不同位置的记忆时出了问题，比如你老板的名字、一个信封的形状、一个纪念品的意义等。当你变老的时候，大脑储存记忆的各区域之间的联系就会变弱。

TOT现象的出现，不是因为你失去了编码某个单词的神经元，而是因为失去了代表各个单词之间关系的神经连接。为了记住一个单词，你或许需要借助一些拐弯抹角的话，用好几个单词来描述你在寻找的那个单词，比如说“我用来吃麦片粥的那个工具”，以此来描述突然想不起来的“汤勺”。

你刚刚见过的人名，可能成为TOT现象的对象，因为人的名字千奇百怪，它们和其他记忆之间往往没有任何关联性。比如一个名叫弗兰克（Frank，英文意为坦率、诚实）的维修工，其名字本身可能没有任何意义，所以当你回想他的时候，就可能出现TOT现象。如果你在他的名字和特点之间建立的联系越多，之后能记住他的名字的可能性就越大。例如，当他告诉你汽车需要哪些维修时，你可以把他的名字与诚实、坦荡、直截了当的风格联系起来。

记忆改善技巧能够最大化神经连接，它们需要神经可塑性，因为神经细胞之间的相互刺激、相互连接构成了记忆。你用来编码记忆的神经连接越多，这份记忆就越牢固，隐式记忆和显式记忆都是如此。记忆越复杂，之后回想起它们的概率就越高。

尽管锻炼身体对大脑健康和认知功能都很有益处，但一般来说，它本身并不能改善记忆，因为记忆功能的强化或者某种认知能力的提高，

都需要身体和思维上的双重锻炼。为了在大脑中创造出看得见的神经可塑性变化，新的学习必须包含具有足够难度的任务，而且在掌握最初水平之后，还要进一步提高难度，每天和每周的学习都应逐步加强。用锻炼身体打比方，想要锻炼肌肉，你必须举起比自己想象中更重的重量。你必须每周至少要锻炼三次，每次至少练习三组，坚持几周以后，才能看到锻炼效果。同样，想要强化记忆力，可以进行某种认知能力的训练，思维锻炼不仅能够改善某种特定的认知能力，还可以提升记忆力。

当你从事某项任务的时候，比如，编写一串在电脑上执行的代码时，你调用处理这项任务的大脑系统越多，产生好结果的可能性就越大。最重要的是，当你之后回忆这些电脑代码时，恰恰也要用到这些大脑系统。如果想要改善记忆，你需要知道一些事实：

- 相比重复或随机发生的事情，很少发生的重要事件更容易被记住。
- 特意学习比从偶然事件中学习效果更好。
- 你对具体活动的回忆比对抽象概念的记忆要好。
- 你自己产生的信息，会比读到或看到的信息记得牢。因此，在他人指导下动手做一件事，比单纯观察他人的做法要好，这也是上岗培训背后的意义。如果你亲自去做某件事，而不仅是看别人做或者观察它的做法，你对它的记忆就会更好。消极观察很少能激活前额皮质，动机是关键所在。
- 积极发掘你想要记住的信息，能把那些信息植入你的大脑。
- 图片或心理意象的记忆比文字记忆好。之所以会这样，是因为我们作为灵长类动物，视觉更为发达，而啮齿类动物和犬类动物嗅觉更为发达。

- 当你第二次学习同一事物时，记忆就会得到加强。
- 如果你经常遇到同样的信息，记忆也会被加强。
- 具体信息比抽象信息记得更牢。
- 积极信息比消极信息的记忆更好，除非是遭遇突发或消极创伤。即使是这种令人恐惧的记忆，记住的也是这种危险情况，而不是当时环境中的其他要素。
- 稀有而新奇的信息能够促进记忆。
- 如果没有注意力和工作记忆，你就不能把事物编码为长期记忆，注意力是通往记忆的大门。
- 投入感情能够改善记忆，因为这样扁桃核会与海马体配合得更好，所以要全心投入你想要学习的事物。
- 新奇的事物能一下子把你拉出自动导航模式，唤醒前额皮质和海马体去关注新环境、新创意。
- 联想能在不同创意和想法之间建立联系，联想越多，记忆就越复杂、越持久。
- 如果你想要记住一些东西，花些心思认真咀嚼比死记硬背效果好。记忆中的联想和额外维数越多，记忆就越牢固。
- “阅读—背诵—复习—再阅读”的记忆效果很好，因为复习和不同的回忆方法有助于培养神经可塑性。

关于不同人在不同时候的记忆差异，有一些有趣的说法。比如，嚼口香糖能够提升35%的记忆，因为它能加快心跳，促进大脑中的血液循环。涂鸦者平均能想起7.5个人名或地址，而非平均只能想起来5.8个，前者要高出29%。

■ 哪些学习活动能够活跃我们的大脑

强化认知储备是一个积极的过程，看电视和其他消极活动没有任何好处，事实上，消极活动只会加速认知储备的流失。我称看电视为“死亡时间”，因为除非你是看一档资讯类节目，不然你的注意力很难集中。这时候你的脑子无所事事，没有接受任何挑战。从本质上来说，看电视是间接体验生活，少看一点没问题，但绝不要像本章开头提到的克里斯汀一样，让它成为自己生活中不可或缺的一部分。这就好像吃冰激凌，它并非每顿必吃的正餐，偶尔看看电视调剂就好。如果你连什么内容都不管，就随便选择一档节目看，电视就会成为你生活中雷打不动的一部分。

研究表明，每天至少参加一项益智活动的老年人，认知衰退会减缓7%，而那些参加排名前三的益智活动的老年人，认知衰退的风险更是降低了63%。

事实证明，一些基于电脑的认知训练项目能够强化老年人的认知储备。例如，一项包含10门课程和4门强化课程的学习任务，减缓了5年以上的认知衰退。在核磁共振图像中，参加认知活动的老年人的大脑，表现出了神经可塑性的迹象。

阿姆斯特丹荷兰大脑研究院的研究人员提出，某个大脑区域的终身活跃或许能够阻止或减缓大脑相应区域的退化。在某个专门岗位上工作，或者有一项终身爱好，就有可能促成这样的情况。促进“认知健身”需要使用一套系统的认知锻炼项目，调动大脑的大部分区域，全面的认知健身效果可以真正服务于大脑健康。

在阿尔伯特·爱因斯坦医学院，乔·韦尔盖塞及其同事进行了一项名为“爱因斯坦老龄化研究”的研究项目，他们跟踪观察了400多名老年市民5年之久。在研究中，他们让研究对象参加认知测验，并说出各自喜欢的娱乐活动，其中包括棋牌游戏（象棋）、打高尔夫球、跳舞、快走等。研究人员发现，下棋、阅读、演奏乐器和跳舞都对改善晚年认知能力、降低痴呆症风险有影响。想要达到认知储备的目的，必须每周参加几次这样的活动。参与活动的频率和专注程度也都很重要，只是每周参加一两次认知活动起不到多少积极作用。不过，如果研究对象每周参加8次以上认知活动，他们患痴呆症的概率就会下降一半。下象棋会用到工作记忆，训练效果也最为明显，因为要想下好象棋，你必须预想到好几步棋才行。阅读复杂材料也需要工作记忆，可以产生积极的认知促进作用。但从统计来看，最常见的认知锻炼——纵横字谜，促进认知功能的效果并不明显。做纵横字谜游戏与其说是一种认知锻炼，不如说是一种认知活动。

培养大脑储备的认知锻炼需要思维刺激带来的变化、挑战和新奇，最好的方法是实施一项综合的认知集训，就像是锻炼尽可能多肌肉的身体锻炼集训一样。因此，认知锻炼不应过于狭隘，它应该覆盖多种认知技能。逐步提高挑战难度，这样训练任务就永远不会太简单，也不会成为习惯动作，你需要跳出自己习惯的舒服区域。最后，尝试一些新鲜事物，能够启动前额皮质和海马体，打开新学习的大门。

复杂的思维活动需要全身心的努力投入，而一般的认知活动相对简单，只需要付出一点努力和投入就行，所以谈不上是认知锻炼。如果只是死记硬背或者消极学习一种爱好，你得练习好几年，然后才能说“我掌握了它的窍门”，这样就算学到了一丁点儿新东西，也谈不上锻炼了大脑。

思维活动（例如单纯的想象）和思维锻炼不一样。每个人都会思考，但并非每个人都会通过思维锻炼训练自己的大脑，大脑训练/思维锻炼需要系统运用认知锻炼及其技巧。思维活动就好像是做纵横字谜，因为填写一个纵横字谜只需要少量的认知技能，结果也就只能刺激有限的大脑区域。即使大量做纵横字谜，也不会因为推理和词汇量的增加同比改变老龄化的效果。思维锻炼，则或者说大脑训练，则需要多种挑战性的思维任务，来刺激整个大脑。

衰老除了给我们带来很多烦恼以外，一生积累的知识也会给我们带来认知上的好处，给我们更宽广的视野，使我们能够看清什么重要、什么不重要，使我们能够合理排序不同任务，冷静面对挑战。我们还能更好地独立思考，增强理解、洞察他人想法感受的直觉。这些技能综合起来，叫作智慧。

在变老的过程中，我们会积累大量的认知模板，它们都是我们对这个世界运转情况的认识。这些积累的知识对我们解决问题的能力帮助不大，却能够让我们更擅长模式识别。模式识别是大脑左半球的功能之一，所以，在变老的时候，我们会越来越依赖左脑，同时对右脑的依赖越来越少。

创造力和好奇心是相互独立的，好奇心是右脑的功能，而创造力不仅仅需要右脑而已。说创造性活动与左脑毫无关系，那就过于简单化，陷入非黑即白的二元论了。认识熟悉的事物和模式识别，大体上属于左脑的功能，但它们也能补充创造力——它们把一些细节与我们已有的知识联系起来，并在那些熟悉的模式基础上发挥创造性，就好像一个作家用他丰富的词汇量写作一篇才华横溢的散文。

很多中年人在整个职业生涯中都在积累知识，因而拥有宽广的视野，获得这种知识和视野的价值是非常宝贵的。我自己曾完成这样的转变，从一个心理学研究者到首席心理学家，再到一家医疗中心的培训主管，再到负责24家医疗中心的培训总监，我父亲也曾从一个地区法院的书记员成长为一名法官。乡村里的老人身上也体现了同样的道理，曾经的战士或农民变成了官员或者教师，用他们的知识结晶为社区做贡献。

我终生爱好旅行，曾到过将近50个国家。我希望在我死之前，再去50个国家。我很高兴地告诉大家，旅行能够促进大脑健康。旅行让我们离开自己熟悉的舒适地区，要求我们适应新环境，我们必须和操着陌生语言的人交流，根据不熟悉的信息做出复杂决策。

有些人从严谨的学习项目中受益，比如常青学馆和奥舍终身学习学校，这些项目为成百上千的人提供益智活动。与此同时，也有许多人在退休后到大学听课。这些项目的好处之一就是它们提供了一个有序的学习环境，给人展示自我的机会，减少了半途而废的可能性。这种秩序包括定期上课，通过反复强化突触连接，让细胞们在将来还能相互刺激、相互连接。此外，大部分课程都会介绍最基本的信息，在此基础上教授更复杂的知识，所以它们能够构建宽广的知识面。

为了运用这套法则中的教育因素，请尝试采用以下建议。

- 选择一门你知之甚少的课程。
- 加入一个读书俱乐部，阅读一些非小说读物。
- 学习下象棋，并经常下棋。
- 进行工作记忆练习。
- 到国外旅游，尤其是从未到过的国家。
- 学习一种乐器。
- 学习另一种语言。
- 定期参观博物馆。
- 参加主题广泛的社区讲座。

CHAPTER 3 THE DIET FACTOR

第三章
饮食因素：怎么吃、吃什么，直接影响大脑功能

从第一次在候诊室见到斯科特那时起，我就看出他的生活很有问题。他大腹便便，皮肤苍白无光，来就诊是因为他觉得自己脑子变笨、变迟钝了。他介绍说他从事了40年的工作很好，与妻子以及两个成年女儿相处也很融洽，“或许这是一种男性更年期的症状”，他一脸困惑地说。

男性更年期是与女性更年期相对应的，主要标志为睾酮分泌的急剧下滑。50岁以后，男性分泌的雌性激素将超过睾酮，有些人睾酮分泌的下降比其他人更加显著。我让斯科特的保健医生检查了他的激素分泌水平，并进行了全面的血液检查，他的甲状腺素水平在正常范围之内，所以可能是其他因素导致了那些症状。

他对自己症状的描述像是轻微抑郁症，他说：“我应该感觉良好才对，而不该是感觉走到了人生尽头。我整天没精神，有时候甚至怀疑自己是不是得了早期阿尔茨海默病。我的家人抱怨我总是丢三落四，脾气也变暴躁了。”经过问卷检测后，我们发现他并没有受到严重抑郁症的困扰。

在询问他的日常生活习惯时，我发现他的饮食习惯非常糟糕，这是一个很重要的信息。他每天早上都空腹喝两杯加了两大勺糖的咖啡，并且为了减肥从来不吃早餐。

到早上10点钟的时候，他就会感到眩晕，难以思考。午饭时，他一般会去快餐店要一个汉堡包、一份薯条和一大杯可乐。尽管他上班的地方离家只有一个半街区远，但他还是会开车上下班。当我问他为什么不步行上下班时，他说："我累得不行，而且拎着大份午餐走路实在太辛苦了。"下午，为了提神，他还会喝几杯糖分加量的咖啡，甚至每天都要靠糖果棒来补充能量。

下班回到家，他通常会打个小盹，否则，他就没精神和全家一起共进晚餐。他的晚餐一般都有肉和土豆，晚饭之后，他便坐在电视机前的"专用椅子"上，一边看电视一边打瞌睡。

妻子对他这种懒洋洋的行为深感不满，看到他在电视机前睡着了也不肯叫他上床睡觉，这成了压垮他的最后一根稻草，促使他来找我就诊。我问他，为什么不听从保健医生的意见，他说："医生只会让我减肥、戒酒。"

他这句话提醒了我，那就是有关饮酒的问题。这时候，他似乎发现自己说漏嘴了，试图挽回："你看，我知道你的为人，你不会把我看作那种酗酒无度的酒鬼。每晚两杯啤酒，也就这么多了！周末的时候，或许会加一杯。我保证，最多三杯。"

尽管他还达不到酗酒的地步，但这样的酒量也必然会贡献热量，损耗很多神经传递素，削弱他的大脑功能，使他无法持续专注思考，保持平稳的情绪。饮酒加上糟糕的饮食，给他带来了双重打击，使他的大脑无力招架。他的身体需要营养来制造神经传递素，而他的饮食不能给大脑提供足够的原材料，饮酒则进一步损耗了这些本就匮乏的神经传递素，所有这些都令他更加虚弱、抑郁、焦躁，无法进行清晰的思考。此外，酒精使他的树突神经萎缩，大脑更加迟钝。

我把这些解释给他听，建议他从改变不良的饮食习惯开始。我向他推荐了一份营养均衡的食谱，剔除了所有的简单碳水化合物，特别是糖，建议他早上不要空腹喝咖啡，而下午的咖啡和晚上的啤酒都要戒掉。

这些建议并不是他最开始想要得到的答案，事实上，他一开始只是想让我给他开个见效快的药方。

“吃药这件事，越少越好。”我告诉他，“像你这种情况，没必要吃药。只要你的饮食均衡，就能产生丰富的大脑化学物质，保证你的思维更加清晰，情绪更加积极，感觉更加平静，并让你一整天都精力充足。”

他极不情愿地答应“试试这些疯狂的健康创意”，我们约好了下周复诊。我警告他，在最初的几天，身体调节带来的感觉可能更加糟糕，请他做好心理准备。

复诊的时候，他有点不好意思地看着我说：“我感觉好点了，但是一开始感觉特别难受。”

“不妨这样想，你的身体要适应离开糖、咖啡和酒精，你得花几天时间才能戒掉它们。”

“那我得忍耐多久呢？”

“你想把这样的良好感觉保持多久呢？用不了几周，你就会感觉非常好了。”

饮食因素调查问卷

阅读下列问题，在相应答案上画钩。

问 题	是	否
你是否经常吃糖果？		
你是否不吃早餐？		
你的日常饮食中是否包含油炸食品？		
你是否不吃水果和蔬菜？		
你是否很少吃全麦食品，更多吃白米和面包？		
你是否经常处于缺水状态？		
你是否经常饮酒，可能每天超过两次？		
你的进餐时间是否毫无规律，只有饿了才吃？		
你是否不管饿不饿都不停吃零食？		

如果你对以上任何问题的答案是肯定的，那就改变了你的脑化学状态，损伤了你的大脑功能。你的肯定回答越多，你的大脑就越难发挥应有的功能。

■ 一日之计始于营养的早餐

内森来找我就诊，抱怨说身体总是感觉疲乏，脑子也总是昏沉沉的。我和他的保健医生一起为他做了检查，他的大部分化验指标都是正常的，只有血糖不正常，似乎从几年前就开始上升了。此外，他腰部的赘肉也很多，对于一个55岁的男人来说，这种情况并不少见。

当我们检查他的日常饮食时，发现他的日常食物和饮品中含有大量的简单碳水化合物，包括糖和面粉，我怀疑他这几年血糖水平的上升和饮食结构的变化有关系。

“我需要一些糖来提提神，因为我感觉太累了。”他说。

我告诉他，饮食中糖的突增往往会导致严重的后果，他最近的疲乏、头晕症状和这个很有关系。从长期来看，他可能正在养成代谢综合征，这最终会导致2型糖尿病，以及比现在还要恶化的症状。

我们设计了一项计划，确保他的饮食包含真正复杂的原料组合，特别排除所有的简单碳水化合物，代之以复杂碳水化合物、水果和蔬菜。之后的几个月里，内森、他的保健医生和我共同见证了他血糖水平回归正常，精力更加充沛，脑子也不再昏昏沉沉了。

正如内森一样，随着年龄的增长，饮食对人的重要性日益增加，斯科特也有同样的体会。尽管多年以来，他糟糕的饮食没有导致什么明显的灾难效果，但他的坏习惯最终以一种戏剧性的方式给他带来了惩罚。他的情况是一个绝佳的案例，说明随着年龄增长，我们的身体对不健康饮食的忍受度和抵抗力都在下降。尽管我们的身体也能制造一些抗氧化剂，但随着年龄增长，这种产物会逐渐减少。面对类似糖这样产生热量的简单碳水化合物，我们的抵抗力会下降。

早餐是均衡饮食的基础，不吃早餐，意味着你的饮食丧失了基础，你在一天开始的时候就是磕磕绊绊的。很多找我就诊的人都抱怨说自己感觉迟钝、健忘，不能清晰地思考，难以应对紧张压力、焦躁或抑郁，而他们从来都不吃早餐。

我会例行询问他们不吃早餐有多久了，他们回答的时间往往和他们出现焦躁、抑郁、健忘、思维迟钝等问题的时间是一致的。

离开了营养全面的早餐，就好像是在沙子上盖房子，少量的紧张压力或者苛刻的需求，都可能破坏房子的地基——也就是你大脑处理那些需求的能力。就好像你想在稳固的地基上盖房子一样，你也同样想让大脑在好的基础上开始一天的工作。

要把早餐当作一天当中最重要的一顿饭。在吃早餐之前，人体经历了一天中最长的无进食时期，所以在英语中将早餐称为breakfast，意为打破禁食。它给你的大脑提供能量，去处理一天的需求。想要更加清晰地思考，记住重要信息，保持精力旺盛，维持情绪平稳，均衡早餐是最基本的前提。

不吃早餐可能导致以下坏处：

- 感觉思维迟钝；
- 焦躁和抑郁增加；
- 情绪波动；
- 紧张反应增多；
- 无精打采；
- 难以集中注意力。

不吃早餐会让人们感觉紧张不安，是因为肾上腺素和皮质醇等紧张激素水平的上升。当这两种激素水平上升时，你就会整天感到紧张和焦躁不安。相反，食用营养早餐，可以降低皮质醇水平，提高对感冒和上呼吸道感染的抵抗力。

如果你吃一顿营养丰富的早餐，包含蛋白质、复杂碳水化合物、水果或蔬菜，你的大脑功能就会更加敏捷。这种均衡食物能给你带来良好的神经化学基础，使你精力充沛地开始新一天，而不是像斯科特一样总感觉无精打采。

早餐给你提供能量使你感到安全，你的胃装满必需食物时，会分泌一种名叫“促胃液素”的激素作为信号，它就像是迷走神经（迷走神经负责腹部与大脑之间的通信）的神经传递素。当食物进入小肠之后，会分泌一种叫作“缩胆囊素”的激素。此外，肾上腺素和血清素在肠道中也非常活跃。事实上，肠道中的血清素含量可能比大脑中还高。一旦被激活，它们就会释放出安全的感觉，但一定不要被垃圾食品触发这种安全感。如果你的早餐全是没有营养的单纯热量，你从一天开始就会感到萎靡不振。

你吃饭的时间和所吃的食物会影响你的警觉性或镇静状态，少量多餐比饕餮大餐好。大餐会刺激胃肠道，产生相反的全身效应，比如甘油三酸酯和血糖含量的急剧升高，导致餐后血脂过高（在进食后，富含甘油三酸酯的血浆脂蛋白含量剧烈升高），这可能导致心血管疾病和糖尿病。

想要在下午更有精神，减少松懈，午餐应该食用高蛋白、低碳水化合物的食品。如果午餐碳水化合物含量太高，就会削弱你的专注能力，磨钝你的注意力。很多教授都不愿意下午上课，因为学生们中午吃了太多的碳水化合物，一到下午便睡意连绵。吃晚餐时，蛋白质和碳水化合物的比例要对调，因为这时候你需要心平气和地放松，准备晚上睡觉。

聪明大脑要远离“糖衣炮弹”

糖是一种垃圾食品，在美国社会中，人们流行过度吃糖，一瓶软饮料含有四勺糖。以斯科特为例，他每天那一大杯可乐相当两瓶12盎司的汽水；单这一项，他每个月吃的糖就可以装满一只5磅容量的口袋。

根据美国农业部的消息，美国人平均每人每年消费120磅糖，这种大量吃糖的习惯，每天导致4个蓄积脂肪的时期，每一次都会蓄积1克脂肪，每天就会蓄积4克脂肪。

你可能有意识地不常喝汽水，但仍会摄入大量糖分，这是因为现代社会的多种加工食品包含了大量的精细碳水化合物，比如说面粉、白面包、意大利面和白米。雪上加霜的是，加工食品中还含有大量的果糖糖浆，或者直接加糖。

葡萄糖是你大脑的主要能量来源，因为葡萄糖含量必须平衡，你的多个器官（胰脏、肝脏、甲状腺、肾上腺、脑垂体和大脑）都参与控制血液中葡萄糖的含量。保持葡萄糖含量处于平衡状态是如此重要，以至于我们有一个专门的器官——胰脏，它的主要功能就是保持这种平衡。胰脏和它分泌的主要激素胰岛素，就是用来保持葡萄糖平衡的，并将其运送到细胞中提供能量。

血糖过低会导致低血糖症，血糖过高则会导致高血糖症，两者都会损害你清晰思考、保持平稳情绪的能力。饭后，你的血糖含量会上升，通知你的胰脏分泌胰岛素，后者有助于把糖运输到你的细胞中。不过，如果你的血糖含量降到了正常水平以下，你的大脑就会发出一个抑制信号，触发肾上腺素的分泌，它会促进你的肝脏制造更多的葡萄糖。结果，你就会感到神经紧张、头晕眼花、昏昏沉沉、无精打采、虚弱无力、犹犹豫豫、心悸亢进。

如果你有低血糖症的趋势，这种低血糖的症状就会更加严重，如果你有糖尿病，你的身体系统就会更加虚弱。你需要小心控制自己的血糖含量，与注意力不集中、短期记忆力下降、情绪不稳定相比，神经紧张和身体虚弱是更加明显的症状。如果你像斯科特一样空腹喝咖啡，这些问题就会被进一步放大。

糖会对身体产生潜在的伤害，特别是对大脑。糖分过多会导致过早衰老，而衰老又会削弱对血糖的耐受度。摄入太多糖会加速衰老，部分原因是它会破坏蛋白质——当糖攻击蛋白质的时候，会发生一种糖化现象，阻碍蛋白质的自由移动。糖化使细胞膜粘在一起，导致炎症，减缓神经元之间的交流。

糖会产生一种叫作“晚期糖基化终产物”的物质，使蛋白质分子黏结硬化。晚期糖基化终产物的作用就像胶水一样，把分子们粘在一起，引发一种叫作“交联”的过程。想象一下，如果你把一块肉放在烤架上烤太久会怎样，它不但会被烤黑，而且还会变硬，烹饪过火的肉就出现了交联现象，使其难以切割或咀嚼。如果你的细胞出现了交联现象，很多新陈代谢过程都会受到影响。

晚期糖基化终产物也常被认为是燃烧糖的反应产物，它们会破坏细胞，以多种方式缩短细胞寿命。这些坚硬的黄色化合物会通过一种名叫“淀粉样前蛋白”的蛋白质，促发阿尔茨海默病，这种蛋白质会产生淀粉样蛋白，附着在大细胞表面，成为晚期糖基化终产物的受体。

神经元是抵抗力最弱的细胞，非常容易受到体内晚期糖基化终产物的破坏，晚期糖基化终产物会引发炎症和氧化应激。炎症是破坏细胞的一种重要方式，是导致阿尔茨海默病的一个因素，还是导致神经病变（对末梢神经系统的破坏）的一个主要原因，这在糖尿病患者中很常见，与其相关的还包括毛细血管损伤，这可能导致四肢血管损伤，以及肾脏和视网膜中精致的血管小球损伤。

总体来说，晚期糖基化终产物会破坏体内的自由基，导致炎症，改变蛋白质活性，并干扰神经元之间的通信。最后，它们会对线粒体造成结构性破坏，线粒体是人体细胞的能源工厂，为细胞提供能量——三磷酸腺苷。两杯软饮料中的糖就相当于75克葡萄糖，它们会破坏饱和脂肪酸，生成自由基产物——异构前列腺素，它会在人吃糖后90分钟内上升34%。随着人年龄的增长，哪怕是异构前列腺素水平少量上升，也会导致阿尔茨海默病。

医疗保健研究者开始关心人体内糖分的升高，他们改进了测量人体糖含量的方法，其中一项就是血糖负荷，它反映了一个人实际食用的葡萄糖数量。总体来说，一种食品的血糖负荷越高，它对血糖的提升作用就越明显。食用血糖负荷高的食物，会增加罹患肥胖症、糖尿病和炎症的风险，这些疾病都会影响大脑的功能。

血糖负荷的升高，还与另一项氧化应激血液指标有关，那就是丙二醛，它会破坏饱和脂肪酸。因为饱和脂肪酸是大脑的关键组成部分，所以这些综合因素会对大脑产生有害作用，使人的思维迟钝。根据《美国科学院学报》发表的最新研究成果，高血糖的中老年人更容易发生海马体肿胀现象。这些研究发现与人们的习惯看法相一致，糖尿病患者出现记忆障碍的风险比正常人更大。纽约大学安东尼奥·科密特教授的一项研究，检查了30名非糖尿病患者中老年人，观察他们在饭后代谢糖的速度，他使用核磁共振扫描检查研究对象的海马体体积，发现代谢糖较慢的人，海马体比较小，记忆力也比较差。

总体来说，吃糖过多会削弱人清晰思考、保持积极情绪、适应社会环境的能力，还会损伤大脑，导致抑郁和焦虑水平的提高。对日本、加拿大、美国等国家的糖消费进行比较研究发现，日本人吃糖较少，得抑郁症的比例也比较低，长期保持血糖平衡稳定，是优化大脑功能的关键。

虽然糖这样的简单碳水化合物对大脑有破坏作用，但复杂碳水化合物是为人体和大脑提供能量的重要物质。尽管无糖已经成为一种时尚，一些碳水化合物对大脑还是有好处的，不过一种碳水化合物提升血糖的效果越好，它对大脑健康的价值就越低。血糖排名靠后的碳水化合物中果糖成分较少，它们是比较健康的。一般来说，一种碳水化合物越是精加工，食用以后血糖越容易上升。事实上，有一条经验法则，就是要远离精加工食品，诸如包装好的晚餐、白面包、白米等精加工食品往往含有精细碳水化合物、防腐剂和反式脂肪酸。

吃太多糖会发生什么：美国人的教训

在几千年的时间里，我们的祖先靠狩猎和采集维系生存，发展壮大。时至如今，我们的身体没有变，但我们的食谱变了，但并不是变得更好了。狩猎采集来的食谱中包括植物、坚果、浆果、鱼和肉，对比这些生物学事实，再想想糖尿病的流行。美国的糖尿病发病率不断增高，2008年第一季度还只有10.4%的成年人患有糖尿病，到2009年第三季度，就攀升到了11.3%，或者说有2600万人患有糖尿病。如果照这种趋势继续下去，到2015年底，美国将有15%的成年人是糖尿病患者，超过3700万人。

随着年龄增长，人们出现阿尔茨海默病和其他痴呆症的概率将成倍提高。65岁时，大约有3%的人有阿尔茨海默病，到75岁时，发病率就会跃升到12%，到85岁时，发病率将接近50%，携带载脂蛋白基因的人发病风险会更高。阿尔茨海默病的标准特征是斑块、缠结、神经传递素的改变以及神经元的死亡，而载脂蛋白基因体质会加速所有这些症状。

很多医疗保健专家将阿尔茨海默病称为3型糖尿病，这种命名凸显了糖尿病与神经组织退化失调之间的重要关系。糖尿病可以分为两种：1型和2型。1型糖尿病常被称为幼年型糖尿病，主要是胰脏制造胰岛素的功能出现了问题。胰岛素的主要作用就是将葡萄糖运输到细胞中，如果不能实现这一功能，人体就像一台耗尽汽油的汽车。2型糖尿病源于人体利用胰岛素的功能出现了问题，通常情况下，当你进食的时候，胰脏会向你的血液中分泌胰岛素。当胰岛素在体内循环时，它就像是一把小钥匙，打开了人体细胞的大门，让葡萄糖进入细胞，为细胞提供能源。当你的血糖含量下降时，胰岛素的含量也会下降。但是，如果你丧失了响应胰岛素的功能，不让它把葡萄糖带入细胞，这套系统就会出故障，这叫作胰岛素抗性。在这种情况下，葡萄糖没有进入细胞，而是堆积在了血液里，高血糖会导致心脏、肾脏、牙龈、牙齿、四肢和大脑的多种问题。

如今，医疗保健专家使用“糖胖病”一词来强调肥胖症和2型糖尿病之间的关系。肥胖症导致糖尿病的一个原因，是因为脂肪细胞会释放一种叫作“休眠蛋白”的激素，它会让细胞产生胰岛素抗性，即使肥胖的人体内有大量细胞，它们却丧失了摄入葡萄糖的功能。在营养充足的盛筵中，这些细胞却在遭遇饥荒。

还有一种情况更复杂，当胰脏超时工作，分泌了过量的胰岛素到血液中之后，它就会出现筋疲力尽的现象，最终不再分泌胰岛素。研究发现胰岛素有促进神经形成的作用，所以糖尿病患者在抑制胰岛素含量的同时，也损害了记忆。最终，由于胰岛素抗性和胰岛素不足，产生了多重破坏效果。因此，糖尿病会导致多个人体系统的系统性破坏。在英国剑桥大学的一项研究中，研究人员收集了欧洲和北美100项研究中820900人的信息，证明糖尿病与多种健康问题有关。

正常水平的血糖含量在60mg/dL～100mg/dL。如果含量过低，大脑就会出现能源不足的问题。就像耗尽汽油的汽车，糖尿病耗尽了一个人的能量，可能引发抑郁症。50岁的糖尿病患者平均会比其他非糖尿病患者早死6年，患有2型糖尿病的人死于中风或心脏病的概率是常人的两倍，死于癌症的概率也比常人高25%。最新研究指出，糖尿病还会加速阿尔茨海默病的发展。

葡萄糖是大脑的主要能源，因此，痴呆症的一个早期症状是大脑有效利用葡萄糖的功能下降，也就不足为奇，这也是为什么神经科学家将阿尔茨海默病称为3型糖尿病的原因。事实上，糖尿病患者出现阿尔茨海默病的概率会增加4倍。

日本、欧洲和美国的三项大型研究发现，糖尿病患者出现阿尔茨海默病的比例至少是非糖尿病患者的两倍。糖尿病从三个关键方面削弱了大脑功能，首先，它损伤了血管，增加了中风和心脏病的风险。

糖尿病和痴呆症之间联系的一条线索，是晚期糖基化终产物和糖化会加速衰老。糖尿病前期患者和糖尿病患者血液中的晚期糖基化终产物含量是正常人的两倍，晚期糖基化终产物会损伤毛细血管的柔韧性，使它们变细、变硬，输血功能下降。结果，神经元中存在的晚期糖基化终产物受体促进了淀粉样蛋白的生成，加速了脑细胞的死亡，这是导致阿尔茨海默病的一种路线。

大脑正常的人，甚至包括一些有糖尿病的人，都会通过一些特殊酶来分解淀粉样蛋白分子，比如胰岛素降解酶。但是，很多糖尿病患者不再分泌胰岛素降解酶，这使他们难以应对那些会引发与衰老相关的神经退化，导致阿尔茨海默病的变体蛋白。

在你1000亿个神经元中，每个神经元里都有很多微管，它们就像是伦敦的地铁，组成一个交通运输系统，在细胞里运输神经化学物质。在神经元里，神经元纤维缠结在微管之间生长，像一条条铁路一样，一种叫作牛磺酸的蛋白质把它们连接在一起。当我们变老的时候，牛磺酸上逐渐布满了磷质，磷使牛磺酸出现错误折叠，把微管扭曲成缠结，在神经元里造成“火车事故”。

缠结之间的关联是阿尔茨海默病的一种显著特征，当太多磷附着在牛磺酸上时，就会产生磷化牛磺酸，把微管缠绕在一起，导致糖尿病。据说，是一种叫作“糖原合成酶激酶3β（GSK-3β）”的酶给牛磺酸带来了太多的磷。胰岛素能够控制GSK-3β，而糖尿病患者的胰岛素不足，这使得GSK-3β猖獗蔓延，大量磷化牛磺酸，导致蛋白质的错误折叠，最终引发阿尔茨海默病。

神经元旁边会出现斑块，源于神经元中一种非常普通的蛋白质的分裂，叫作“淀粉样前蛋白”。它最开始是非常长的蛋白质，很快分裂为较短的片段，这些片段的长度会影响神经形成。如果你的大脑中大部分都是较短的片段（叫作Aβ40，是40个氨基酸分子的长度），你是健康的，因为它会产生对大脑有益的淀粉样蛋白，而较长的片段（叫作Aβ42，是42个氨基酸分子的长度）却会给大脑带来麻烦。

长片段有黏性，而且容易错误折叠，产生有毒的垃圾。这些有害物质变成了神经元旁边的斑块，通过多种方式引发破坏，包括加速自由基的生成，把危险数量的钙吸入神经元，导致发炎，甚至会让神经元细胞自杀。

糖尿病患者的大脑因为缺乏葡萄糖供应，会被迫依赖其他替代能源，包括酮体和乳酸。这两者燃烧都不充分，会释放出破坏神经元的自由基。更糟糕的是，糖尿病患者本来就缺乏谷胱甘肽之类的抗氧化剂，这意味着自由基可以畅通无阻地实施破坏，损伤细胞。

缺乏葡萄糖的细胞还通过另一种破坏性的方法获取营养，那就是吞噬其他细胞体，甚至包括它们自己的细胞体。大脑中最急需能量的区域就是海马体系统，这使得记忆衰退成为大脑损伤后表现出的第一种认知功能障碍。此外，因为海马体比大脑其他区域中有更多的胰岛素受体，糖尿病患者可能遭遇多次记忆受损的过程。

糖尿病的一个系统性效果，是减少流往大脑的血液。斑块导致血管分子结构的变质，阻碍了神经元的正常工作。结果，身体无法对胰岛素做出正常响应，不能正常利用葡萄糖，过剩的葡萄糖加剧了在大脑中形成斑块的机会。

人们早就发现糖尿病与血管病之间存在关联，糖尿病会增加患心脏病、中风、血管性痴呆的风险。对大脑中大小血管的伤害，会损伤大脑中的神经元和神经胶质。大脑深处的毛细血管也会受到损伤，那里轴突网络连接着大脑中的不同区域。研究表明，糖尿病患者脑室周围的白质活性较高，那里的轴突表面用来绝缘的白质被剥离了。想象一下把你家里电线上的绝缘塑料皮剥掉会怎样，结果就是电线短路，甚至引发火灾，这种大脑损伤会导致多种认知缺陷。

糖尿病与抑郁症之间的关系已经得到了很好的研究，患有糖尿病或者抑郁症的人很容易出现另一种病。此外，这两种病的患者都有较高的自杀风险。高达19%的慢性抑郁症患者因为皮质醇水平升高、兴奋性中毒和神经生成受阻碍，海马体也出现了萎缩。

■ 多喝水，水是生命之源

充足的水分经常被忽略，却是人体必需，它是大脑健康的基础。你可以一周不吃饭，但是只能坚持几天不喝水。事实上，禁食的人们一般都会喝大量的水。

想一想，我们的身体差不多60%是水，它是我们身体健康的基础。缺水会导致很多问题：细胞不能正常工作，器官遭到破坏，大脑中的细胞不仅会失灵，还会萎缩。在过去几年里，我曾看到无数人抱怨焦虑、抑郁、嗜睡，我鼓励他们多喝水之后，他们就感觉好多了，不但精力更充沛了，精神也更加放松了，现在，他们无论到哪里都带着一只水杯。

缺水会损害矿物质和营养向细胞的传输，大脑缺水最终会给大脑细胞的形状、结构和完整性带来巨大改变。

轻微缺水可能引发以下症状：

- 头疼；
- 头晕或头重脚轻；
- 口干舌燥；
- 犯困或疲惫；
- 口渴；
- 尿量减少；
- 哭时无泪或者泪少；
- 皮肤干燥；
- 便秘。

严重缺水，达到需要紧急救护的程度，可能引发以下症状：

- 极度口渴；
- 敏感易怒，意识模糊；
- 嘴巴、皮肤和黏膜非常干燥；
- 不出汗；
- 尿量极少甚至没有，即使有也是深黄色或暗琥珀色；
- 哭时无泪；
- 眼窝凹陷；
- 皮肤干燥皱缩，缺乏弹性，捏起来之后不能迅速弹回；
- 血压低；
- 心跳加速；
- 呼吸急促；
- 发烧；
- 在大多数严重情况下，神志不清或意识丧失。

简单靠口渴来评估身体是否缺水并不可靠，对于老年人来说尤其如此，一个比较好的指标是尿液的颜色。透明或者浅色的尿液（类似柠檬汽水的颜色）表明你的水分充足，深黄色或者暗琥珀色则意味着缺水。

■ 均衡饮食，从天然食品中汲取营养

你丰富的大脑营养来自你所吃的食物，平衡的神经化学有赖于从饮食中获取重要营养。除了水以外，一个健康的大脑需要维生素、矿物质、碳水化合物、蛋白质和脂肪等营养素。

怎样补充大脑需要的维生素

随着年龄增长，人体从饮食中吸收维生素和蛋白质的能力会下降。在人变老时，营养全面的均衡饮食是保持大脑聪明的重中之重，补养品并不能代替正常的均衡饮食。请留意，以下信息是为了让你彻底搞清楚，吃什么能够产生人体所需的神经化学物质，让你的大脑保持聪明。

维护你大脑功能的神经传递素是由几种氨基酸合成的，它们就好像是建筑大楼所用的砖瓦。如果饮食中缺乏这些重要的氨基酸，就会侵蚀你的神经化学状态，引发多种记忆、注意力和情绪问题。例如，谷氨酰胺是一种存在于杏仁、桃子等食物的氨基酸，它能够合成一种叫作 γ-氨酪酸的神经传递素。γ-氨酪酸是一种重要的抑制性神经传递素，有助于人保持冷静和放松，类似安定和氯羟安定等药物就是作用于这个神经传递素系统（我强烈建议避免服用这些药物）。从很多原因来讲，你都需要通过饮食渠道来补充你的 γ-氨酪酸，富含谷氨酰胺的食物包括牛肉、鸡肉、鸡蛋、牛奶、乳制品、小麦、洋白菜、甜菜、豆类、菠菜和西芹。

苯丙氨酸这种氨基酸能够转化为酪氨酸，而酪氨酸是合成肾上腺素、去甲肾上腺素、多巴胺等神经传递素的原料。这些神经传递素涉及调动注意力、激发能量，富含苯丙氨酸的食物包括花生、青豆、芝麻、酸奶和牛奶。

胆碱是合成神经传递素乙酰胆碱的原料。胆碱有助于防止血液里高半胱氨酸的积累，高半胱氨酸是一种与心血管疾病和骨质疏松症有关的有害化合物。胆碱不足，会降低乙酰胆碱的含量。因为缺乏乙酰胆碱关系到记忆问题和阿尔茨海默病，某些药物的作用对象就是这种神经传递素，富含胆碱的食物包括大豆、蛋黄、奶油、花生、土豆、菜花、小扁豆、燕麦、芝麻和亚麻籽。

氨基酸会争先恐后地挤进大脑，而血脑屏障（毛细血管和高密度细胞构成的网，能防止细菌等不速之客闯入大脑）每次只允许一定数量的特定类型氨基酸通过，其他氨基酸在饮食蛋白中更加充裕，这就是高蛋白肉类不能提升大脑中色氨酸含量的原因之一。因为通往大脑的竞争不利于色氨酸，但是有利于蛋白质，所以在晚上吃高蛋白的肉类可能导致难以入睡，最好吃复杂碳水化合物含量较高的肉类。

和氨基酸一样，你的饮食还应该包含多种均衡的维生素和矿物质。它们直接影响你的脑化学状态，摄入不足就会减少你的神经传递素。就像氨基酸一样，你应该从天然食品中获取维生素，因为食品能够提供更好的生物可用度——也就是说，能够比补养品更好地被人体吸收。如果没有医生的建议，服用特定补养品的做法也是错误的。某些维生素，比如维生素A，含量太高会有毒性，而且，只服用一种维生素会降低你体内其他维生素的含量。请不要拿你的大脑玩业余化学实验，通过天然食品获得均衡营养才是明智之举。

从很多方面来说，维生素B对大脑而言很重要。以维生素B_1（硫胺）为例，它有助于把葡萄糖转化为大脑的能源。维生素B_1含量低，会让你感觉迟钝、疲乏、抑郁，注意力也可能出现问题。饮酒会削弱维生素B_1的效果，哪怕只是一杯葡萄酒，也能降低肠道对硫胺的吸收率。类似用酒、酱油或醋腌肉等烹饪手段，会让肉类中的硫胺成分降低50%～70%。研究表明，类似血清素和多巴胺这样的关键神经传递素的含量会被酒精降低，因为酒精对维生素B_1有分解作用，这两种神经传递素的减少，会导致抑郁、丧失预期的快乐、分散注意力。食用精细碳水化合物，包括糖在内，会减少维生素B_1的供应。富含维生素B_1的食品包括类似麦芽、糙米、米糠、燕麦片等谷物；豆类；类似花生、葵花籽、干豆子、开心果、生花生、巴西豆、山核桃等坚果和种子；类似葡萄干、蘑菇、球芽甘蓝、芦笋、豌豆、小米、洋白菜、西兰花、鳄梨、李子等水果和蔬菜。

维生素B_3（烟酸）涉及很多与大脑相关的功能，包括作用于你的血红细胞，血红细胞负责向大脑输送氧气，供三磷酸腺苷和ADP核糖进行转移反应。适量的维生素B_3能够帮助降低有害胆固醇，增加有益胆固醇，所以高含量的烟酸能够扩张血管，使人脸红、发痒，并增加通往大脑的血流，降低血压。烟酸能够由色氨酸合成，色氨酸还能合成血清素。因为转化为烟酸的色氨酸数量依赖于你的饮食，烟酸与色氨酸之间需要保持平衡。初步的研究表明，维生素B_3能够帮助中风后的大脑恢复。人们还发现，它会降低磷化牛磺酸的含量，后者与阿尔茨海默病有关。富含维生素B_3的食物包括坚果、肉类、鱼类、鸡蛋、土豆、豆类，以及羽衣甘蓝、菠菜、芥菜等绿叶蔬菜。

维生素B_5（泛酸）对肾上腺至关重要，肾上腺能够分泌肾上腺素，把脂肪和葡萄糖转化为能量，缺乏维生素B_5会导致心神不定、双脚麻木。此外，人体还需要用维生素B_5制造紧张激素，在你需要更多能量时让你有足够能量，并保持专注。关系到记忆的神经传递素乙酰胆碱，同样需要维生素B_5为基础。

人体合成激素需要维生素B_5，摄取多种氨基酸需要维生素B_5，分泌对记忆很重要的乙酰胆碱也需要维生素B_5。富含维生素B_5的食品包括金枪鱼、鳕鱼、鸡肉、龙虾、火鸡、鸭子、牛肉等动物性食品，以及肾脏、舌头等动物器官，还有蛋类（特别是蛋黄）和蔬菜性食品，比如玉米、羽衣甘蓝、菜花、西红柿、甜土豆、西兰花和豆类。

维生素B_6（吡哆醇）有多重角色，包括由色氨酸合成血清素和褪黑素，合成肾上腺素、去甲肾上腺素和γ-氨酪酸，此外还是100多种不同酶的搭档。食品的储藏方式对维生素B_6的影响很大，因此，总吃冷冻餐可不是什么好主意，因为在冷冻蔬菜中，维生素B_6的成分会损失57%～77%。只要方便，你就应该尽量吃新鲜食品。富含维生素B_6的食品包括鸡肉、火鸡、牛肉、猪肉等动物性食品，鳕鱼、鲑鱼、比目鱼、鳟鱼、金枪鱼、鲷鱼等鱼类，柿子椒、菠菜、青豌豆、甘薯、西兰花、芦笋、青萝卜、鹰嘴豆、扁豆、大豆等蔬菜，还有花生、葵花籽、腰果、榛子和全麦等坚果。

维生素B_7，也叫生物素、维生素H、辅酶R，是一种水溶性复合B族维生素。生物素参与体内糖的代谢以及脂肪酸的生成。缺乏生物素会导致失眠、轻微抑郁、焦虑，对疼痛过度敏感，富含生物素的食品包括蘑菇、动物肝脏、蛋黄、花生和菜花。

维生素B_9（叶酸）对血红细胞的分裂和置换、蛋白质新陈代谢和葡萄糖的利用至关重要。维生素B_9不足，与大脑衰老和大脑皮层萎缩有关。如果每天按照医生建议服用适量叶酸的话，患阿尔茨海默病的风险会降低50%。它能在维生素B_6和维生素B_{12}的帮助下，分解破坏大脑的高半胱氨酸。维生素B_9会参与DNA的合成与调节，脂肪酸的合成和能量的产生，以及人体内每一个细胞的新陈代谢。富含维生素B_9的食物包括深色绿叶蔬菜、芦笋、芜菁、甜菜、芥菜、球芽甘蓝、利马豆、大豆、牛肝、酵母菌、全麦、麦片、四季豆、白芸豆、绿豆、鲑鱼、橙汁、鳄梨和牛奶。此外，研究发现，孕妇在怀孕第一个月缺乏叶酸，有导致婴儿脊柱缺陷的风险，美国建议食用谷物和谷制品补充叶酸。

维生素B_{12}对体内所有细胞的新陈代谢都很关键，它和叶酸共同参与DNA的合成，那是所有细胞的遗传物质，合成调节脂肪酸、合成血红细胞都需要它。根据牛津大学记忆与老龄化研究项目的研究，55岁以上缺乏维生素B_{12}的人，罹患阿尔茨海默病的风险是正常人的四倍，缺乏维生素$_{12}$的一个症状是舌头光滑、发白。

富含维生素B_{12}的食物一般都是动物性食品或乳制品，因此素食者必须确保他们能从其他来源获得足够的维生素B_{12}。此外，做过胃部手术或长期服用溃疡药物的人，缺乏维生素B_{12}的可能性更大。随着年龄增长，胃将维生素B_{12}输送到血液中的能力会变弱。缺乏维生素B_{12}会导致记忆力和抽象推理能力下降，富含维生素B_{12}的食物包括大豆制品、蛤类、贝类、螃蟹、鲑鱼、蛋类和牛奶等。

神经元会消耗很多能量。不幸的是，当我们变老的时候，我们燃烧能量的效率会下降。就好像一辆老爷车耗油更多一样，因为它的活塞环松了．密封垫裂缝了，曲轴也开始摇晃。老年大脑会产生更多的毒性废物．我们也更容易受到自由基的攻击，而DNA的突变使得人体内的能源燃烧更不充分。

变老时，强化你的抗氧化防御系统，抵御自由基的破坏是很重要的。自由基会从其他分子上偷走电子，引发氧化应激，破坏细胞。细胞的破坏会导致能量的降低，以及认知和情感问题，抗氧化剂（有助于老年人的记忆）的缺乏程度和氧化应激效应会随着年龄累积。

我们的细胞膜是由必需脂肪酸脂蛋白构成的，比其他细胞抗氧化的能力更弱，它们特别容易受到自由基的伤害。当细胞的这些脂肪部分被高度氧化之后，它们可能就会破裂，这个过程被称为脂质过氧化。大脑脂肪需要营养，需要被保护不受氧化自由基的破坏。它们依靠抗氧化营养和酶，保护细胞膜中纤弱的不饱和脂肪酸不被散逸电子所破坏。

很多神经学家认为，海马体是大脑中极易被脂质过氧化的脆弱区域之一。我们的记忆系统是能量消耗大户，大脑网络很容易遭到脂质过氧化的伤害。

当我们年轻的时候，在健康情况下，有大量的抗氧化剂保护我们免受过氧化的破坏。我们的自然抗氧化防御系统中有四种酶：过氧化氢酶、谷胱甘肽过氧化物酶、超氧化物歧化酶、一氧化二氮合酶，抗氧化维生素能辅助这些酶发挥作用。

像维生素E和维生素C这样的抗氧化剂，对保持、加强这种防御系统有关键作用。维生素C是人体的主要抗氧化剂之一，能够清除自由基。制造去甲肾上腺素也需要维生素C，富含维生素C的食物包括草莓、青红柿子椒、西红柿、西兰花、菠菜、番石榴、葡萄和橙子。

维生素E是非常重要的抗氧化剂，能够保护血管和其他组织不被氧化。维生素E在脂肪酸、磷脂、胆固醇分子之间停留，当自由基物质威胁或破坏这些脂肪酸时，维生素E就会在它们破坏细胞之前捕获、中和它们，富含维生素E的食物包括豆类、核桃、杏仁、甜土豆、葵花籽、全麦、麦片等。

从哪些食物中获取矿物质

一个聪明的大脑还需要含有均衡矿物质的饮食，矿物质对大脑很重要，并可以区分为宏量元素和微量元素，大脑含有的宏量元素比微量元素多。

宏量元素包括镁、钙、钠、钾、氯。钾是饮食中有助于降血压的一种重要成分，富含钾的食物包括香蕉、橙子、西红柿和菠菜。钙这种宏量元素对神经组织的生长、正常心跳的维持、血液的凝结与血压都很重要，它还能触发神经传递素的释放、控制突触的强度，关系到神经元之间的信息传递，甚至在释放神经传递素之后，钙也还能增强突触连接的强度，富含钙的食品包括白菜、乳制品、鲑鱼、四季豆、杏仁和西兰花。

和钙类似，镁关系到神经脉冲的传导。缺乏镁会导致易怒、神经质和抑郁，它有助于调节海马体中的一种关键受体，而海马体对学习和记忆很重要。充足的镁是重要的门冬氨酸的必备物质，后者能接受兴奋神经传递素谷氨酸酯，对神经可塑性至关重要。尽管很多其他神经传递素几乎占据了所有宣传版面，但谷氨酸酯才是大脑中吃苦耐劳的主力，是主要的兴奋神经传递素。谷氨酸酯含量的适当提升，对神经可塑性有好处，而后者是学习和记忆的基础。镁能帮助门冬氨酸受体屏蔽背景噪声，提升神经可塑性，富含镁的食物包括小麦和大麦、糙米、坚果和绿叶蔬菜。

因为在大脑中含量很少，微量元素也被称为痕量元素，包括铁、锰、铜、碘、锌、氟、硒、铬、铝、硼和镍。如果这些微量元素在大脑中含量过高，就会引发问题。

锌是铜/锌超氧化物歧化酶的关键成分，后者是一种强大的酶，可以消除攻击神经的自由基的毒性。缺少这种酶会导致肌萎缩侧索硬化症，这种神经疾病也常常被称为卢伽雷氏症，霍金就是患了这种疾病。

锌含量的健康窗口很窄，这意味着过多或过少的锌对大脑都是有害的。因此，与其他维生素和矿物质一样，最好不要单独补锌，从食物中摄取锌是最好的，富含锌的食物包括海产品、豆类、禽肉和乳制品。

铁太多会导致疲乏、虚弱、体重减轻、腹部疼痛、关节疼痛、糖尿病、高血压和激素的变化。铁太多，也叫作血色沉着病，是一种严重的病情，不加以治疗，可能给内脏器官带来致命性的潜在伤害。缺铁是世上最普遍的营养缺乏症，它会导致贫血症，出现疲乏、气短、皮肤苍白、注意力不集中、犯困、免疫系统削弱、精力不足等问题。铁元素关系到人体的几个重要功能，它涉及血清素、多巴胺、去甲肾上腺素等神经传递素的合成，还是用酪氨酸合成多巴胺和去甲肾上腺素的重要辅因子。有贫血症的人因为缺铁，可能也会缺乏酪氨酸羟化酶（这种酶将酪氨酸转化为氨基酸左旋多巴），所以多巴胺和去甲肾上腺素的产量也会降低，而这两者对专注和能量都很重要。

在很多神经传递素的生产过程中，铁都是酶反应的一种辅因子，例如P450酶系统，它处理大脑中有毒分子的基础，在将膳食脂肪酸转化为大脑需要的长链脂肪酸、生产髓鞘的过程中，它也扮演了重要角色，富含铁的食品包括绿叶蔬菜、甜菜、干豆、干果、蛋类（特别是蛋黄）、含铁谷物、动物肝脏、瘦红肉（特别是牛肉）、牡蛎、禽肉、鲑鱼、金枪鱼和全麦。

多吃水果与蔬菜有什么用

营养学家建议食用多种颜色的水果和蔬菜。一种叫作类胡萝卜素的色素造就了很多水果和蔬菜的颜色，从黄色、橙色、红色到紫色不等，正是它赋予了胡萝卜的黄色和西红柿的红色。类胡萝卜素是一种抗氧化剂，能够保护植物不受有害自由基的损害，类胡萝卜素共有将近600种，最著名的就是β-胡萝卜素。

β-胡萝卜素不但赋予了胡萝卜和甘薯色彩，它还是制造维生素A的关键。正如β-胡萝卜素能保护黄、红、深绿色蔬菜免受太阳的有害辐射之灾，维生素A有助于细胞生长，能促进皮肤、视力、牙齿和骨骼的健康成长。

人们在很多有抗氧化功能的植物性食品中，都发现了被称为植物营养素的色素。最大的一类植物营养素是多元酚类，其中包括儿茶酚、黄酮醇、花青素、异黄酮等黄酮类化合物。研究表明，黄酮类化合物能降低有害胆固醇的氧化作用，减少血管里的脂肪积累和血小板的凝结，从而降低中风和心脏病的风险，据说它们还具有消炎作用。

世上有将近6000种不同的黄酮类化合物，分成不同的种类。在很多食物中都能找到这些化合物，它们包括水果、蔬菜、可可、谷物、大豆、茶叶。它们不仅是一种抗氧化剂，能够保护细胞免受不稳定的自由基所引发的破坏，还能与组成大脑细胞的蛋白质相互作用，从而强化大脑功能。

尽管绿茶中的儿茶酚含量很高，但异黄酮最初是在大豆中发现的，黄酮醇是在苹果中发现的，花青素是在蓝莓、接骨木和草莓中发现的。茶叶中的儿茶酚含有一种茶素酸酯，它在绿茶中的含量比红茶高得多。据说，茶素酸酯抗氧化的效果是红酒和葡萄皮中白藜芦醇的两倍。抗氧化的好处体现在阻止对DNA的破坏，可能还能减缓衰老过程，阻断血脂的氧化，保护人不出现动脉硬化。要注意的是，牛奶会干扰对茶中茶素酸酯的吸收。

蓝莓之所以流行，是因为一些研究发现，蓝莓、草莓和菠菜中富含促进认知和精力的成分。辛辛提那大学的罗伯特·克里科林要求75

岁以上的研究对象每天喝两杯野生蓝莓果汁，坚持饮用12周，同时让对照组的人们饮用一种很像蓝莓果汁但不含黄酮类化合物的饮料，结果发现，前一组人对单词和物品的记忆力比对照组要好30%。另一项研究发现，每天喝一品脱蓝莓果汁的退休人员，记忆力提高了40%。

美国农业部农业研究服务中心的詹姆斯·约瑟夫指出，蓝莓不但能通过它们的花青素和紫檀芪成分起到抗氧化作用，还能提升一种叫作激酶的酶含量，激酶对学习和记忆很重要，花青素能使神经元之间传递信息更容易。进一步的研究指出，黄酮类化合物还有助于调节另一种叫作“磷酸酶”的酶，磷酸酶的平衡是保持突触完整的关键。

植物营养素的抗氧化指数叫作氧自由基吸收能力。抗氧化指数最高的水果包括蓝莓、黑莓、草莓、树莓和李子，其中，蓝莓和黑莓的抗氧化指数比李子高两倍。

大豆异黄酮可能和微量的雌性激素一样，能够结合并刺激雌性激素受体，从而改善记忆，这些受体会触发海马体中神经元形状和神经化学状态的改变。有一些推测，认为黄酮类化合物可能刺激海马体中新神经元的生长。黄酮类化合物还能组织过量的谷氨酸酯与受体结合，减轻谷氨酸酯过量对神经的毒性。最后，黄酮类化合物可能抵消一种分泌酶的作用，后者会破坏神经元，在神经退行性疾病中，分泌酶也会提高。

某些植物营养素含有番茄红素和白藜芦醇。关于白藜芦醇，近年来有很多猜测假想，人们在红葡萄皮中发现了这种化学物质，并认为它是饮用葡萄酒的一个健康因素。不错，正如我刚刚所说的一样，红葡萄皮里含有这种成分，所以带皮吃红葡萄比喝葡萄酒更加健康，因为后者含有酒精。尽管我也喜欢时不时地小酌一杯，但我也必须权衡，自己是想要一晚上舒适的睡眠和接下来几天的放松情绪，还是想要酒后一小时就转瞬即逝的飘飘欲仙。

根据哈佛大学流行病学家朱莉·巴林对22000名男性患者的研究，那些每周喝一次酒的人，中风的风险会降低20%，但喝酒频率超过每周一次，却没有什么实际好处。

国际上有大量研究指出，喝葡萄酒的人更爱吃水果和蔬菜，运动锻炼也更多，他们通常比较富有，能得到更好的医疗。当然，你也可以喝葡萄汁或者吃红葡萄，这样不需要摄入酒精，就能获得白藜芦醇。白藜芦醇是如此炙手可热，以至于有大型制药公司试图开发白藜芦醇药物。我敢肯定，我家那个在葡萄酒厂工作的邻居听到这个消息，一定会感到忐忑不安。

之所以不建议经常饮用红酒，是因为酒精最开始的效果包括强化γ-氨酪酸的作用，并抑制谷氨酸酯的作用。这种双重效果最初有镇静效果，但饮酒过量，就会让人感到眩晕。几个小时之后，情况还会发生逆转，γ-氨酪酸变少，谷氨酸酯变多，结果令人感到焦虑暴躁、紧张不安。

有一种叫作睡眠周期中间觉醒的现象，被用来描述晚上饮酒后的作用。γ-氨酪酸首先产生效果，让人感到放松甚至镇静，谷氨酸酯的作用被抑制。大约在三小时之后，γ-氨酪酸水平降低，谷氨酸酯水平升高，这个过程反映了酒精导致的失眠过程。

这种体内调节异常并不只限于睡眠循环中的几个小时，当我给心理学实习生教授心理学和神经心理学实验时，有一条纪律就是“不要检查酒后大脑，除非是三个月以前喝的酒”。这是因为，大脑至少需要那么长时间（在健康饮食和锻炼的前提下）才能重塑新的健康基准功能模式。太早进行检查会发现很多长期喝酒的症状，包括以下方面的认知缺陷：

- 视力和空间认知测验；
- 视力和空间学习能力；
- 精细活动能力；
- 适应能力；
- 短期记忆；
- 非语言抽象学习；
- 抽象思考能力；
- 概念性思考能力。

人们曾经一度认为，酒精会杀死人体细胞，喝一次酒最多会破坏10000个神经元。但现在看来，原来的模型太简化了。酒精确实会损伤树突神经，树突是神经元伸出来接收其他神经元输入的部分。树突的数量越多，进行复杂认知的潜力就越大。因此，喝酒越多，进行复杂思考的能力就越差。

酒精还会通过脂肪酸的途径造成破坏效果，比如：

- 阻碍形成DNA所必需的酶；
- 阻碍形成前列腺素所必需的酶；
- 分解脑膜中的脂肪酸，并用较差的二十二碳五烯酸替代原来的脂肪酸。

对于喜欢喝葡萄酒的人来说，有个坏消息。德国哥廷根大学的研究人员对比了酗酒者与健康人士的大脑扫描图后发现，不喝酒的人海马体体积最大的可达3.85毫升，而在酗酒者中，喝啤酒的人海马体最大的是3.4毫升，喜欢喝烈酒的人海马体最大有2.9毫升，但是喜欢喝葡萄酒的人海马体最大只有2.8毫升。

经常吃点巧克力可能对你有好处，尽管苦中有甜的黑色巧克力中咖啡因含量可达咖啡的一半，它还含有两种叫作“可可碱”和“苯乙胺”的兴奋剂，它们都是类似于苯丙胺的化合物，具有解除忧郁、疲劳的作用。

巧克力中还含有一种叫作“1-ME TIQ”的化学物质，它可能抑制帕金森症的发展，巧克力中还含有抗氧化剂。最后，同样不可忽视的是，巧克力中含有原花青素分子，它们会彼此相连，构成具有抗氧化和消炎作用的长链，还能锁住硝酸盐减少血液凝结，放松肌肉，所有这些功能都会减少心脏病和中风的风险。

脂肪一定是不健康的吗

你的大脑有60%的成分是脂肪，尽管现在的食品标签都喜欢标榜自己是“零脂肪”，但脂肪依然是健康饮食的一个重要部分。事实上，你需要适当的脂肪来构建遍布体内的细胞膜，大脑中尤其如此。

在上个世纪，西方饮食中对必需脂肪酸的消费减少了80%以上。雪上加霜的是，我们还吃了很多不健康的脂肪，包括动物脂肪、植物油和精加工食品，甚至连必需脂肪酸的平衡也发生了巨大变化，在过去，西方饮食中欧米伽6脂肪酸和欧米伽3脂肪酸的比例大致相等，但是现在这个比例已经扭曲到30：1。这并不是说欧米伽6脂肪酸不健康，而是两者比例严重倾向欧米伽6脂肪酸，这对大脑是有害的。

必需脂肪酸是健康大脑的基础，它们有很多关键功能。例如，一个健康的神经元平均能与其他神经元之间建立10000个突触连接，突触的健康部分依赖于必需脂肪酸，而神经可塑性则要依赖健康的突触。

二十二碳六烯酸是一种欧米伽脂肪酸，广泛存在于细胞核的线粒体（这是神经元的能源工厂）、突触体（神经元在这里相互通信）、光感受器（视网膜的感光部分）和大脑皮层中。

二十二碳六烯酸在突触膜中的含量比其他大部分人体组织都高，缺乏二十二碳六烯酸会损害突触膜的完整性，它有助于保持细胞膜的柔韧性，这是神经可塑性的关键。相反，饱和脂肪会让细胞膜变硬，损害大脑的神经可塑性。柔韧的突触膜能够适应它们的受体形状，这样神经传递素才能像钥匙一样嵌入一只锁，引发对神经元的刺激。二十二碳六烯酸是维持那些受体恰当位置的重要因素，但是如果人吃了太多的饱和脂肪和反式脂肪酸，一个受体开始变硬，这个受体就会固化，不能再蠕动或延伸接纳神经传递素，最终损害神经元之间的交互。这意味着，你的大脑神经元之间的信息传递出了问题，所以也就难以聪明思考。

近20年来，很多心理医生都纷纷建议，让抑郁症患者补充欧米伽3脂肪酸，因为人体内的二十二碳六烯酸含量和血清素含量是密切相关的。二十二碳六烯酸参与色氨酸转化为血清素的过程，并控制血清素的分解和再吸收循环，它还被用于更多突触的构建，反过来又能产生更多的血清素，这使得二十二碳六烯酸对于保持稳定、积极的情绪非常重要，富含二十二碳六烯酸的食物包括鲑鱼、马鲛鱼、沙丁鱼、鲱鱼、凤尾鱼和青鱼。

另一种欧米伽3脂肪酸二十碳五烯酸也关系到血清素、多巴胺等神经传递素的活动，因此也有助于调节情绪。不像二十二碳六烯酸，它在大脑中的含量并不高，为全身的细胞提供结构支撑，并且有助于大脑中的血液循环和一种叫作类二十烷酸的信息传递素，后者会影响炎症、血液凝结、血管活动和血液供应。富含二十二碳六烯酸的食物同样富含二十碳五烯酸，而且含量更高。

欧米伽3脂肪酸有助于防止花生四烯酸在人体组织的积累。人身体和大脑中都有适量的花生四烯酸，但如果吃太多的牛肉、猪肉、鸡肉、火鸡等动物脂肪，会导致体内花生四烯酸过多。花生四烯酸含量过多是很多炎症物质的前兆，人在晚年摄入花生四烯酸过多会提高40%的老年痴呆症发病率，因为二十二碳六烯酸有破坏花生四烯酸的效果，所以它有助于防止认知衰退，还能预防潜在的阿尔茨海默病。

如果花生四烯酸这样的脂肪酸都被破坏了，人体组织内就会出现异前列腺素，导致自由基活动损伤细胞膜。在大脑受伤一天之后，异前列腺素的含量会达到受伤之前的9倍。在阿尔茨海默病患者的脑脊液、血浆和小便中，都发现了高含量的异前列腺素，这预示着有可能利用它们预测这种疾病。

欧米伽3脂肪酸能减弱氧化应激和炎症，还能促进脑源性神经营养素，我们曾介绍过它在神经形成和神经可塑性中扮演关键角色，是大脑细胞的一种神奇因子。脑源性神经营养素能够保护神经，对记忆和学习新知识有关键作用。它含量低，与神经受伤和抑郁有关。炎症和氧化应激会干扰脑源性神经营养素的生产，但是欧米伽3脂肪酸能够减弱这两种症状，其中的二十碳五烯酸成分还有助于保持脑源性神经营养素。

必需脂肪酸还有助于强化大脑中所谓的第二信使系统。当神经传递素穿过细胞的脂肪膜、触发第二信使进入细胞核后，这套系统就会被激活，第二信使打开或关闭细胞核中的基因，然后把一些化学物质送出细胞，引发更多反应。换种说法，你的饮食会影响到基因的工作方式，而必需脂肪酸在这个过程中发挥了关键作用。

在你的所有细胞里，都有一种叫作线粒体的微型细胞器官。这些微型动力车间的功能就是生产三磷酸腺苷，它给大脑执行功能提供能量。如果没有三磷酸腺苷，神经信号的传递、神经传递素的产生以及其他很多功能都将无法实现。线粒体有一层富含必需脂肪酸的细胞膜，如果饮食中缺少必需脂肪酸和抗氧化剂，线粒体就不能正常工作，就会产生自由基，可能破坏线粒体的DNA和制造能量的功能。线粒体被破坏，在神经退行性疾病的形成中可能扮演了重要角色。阿尔茨海默病患者线粒体中DNA的破坏程度，可能比其他非患者人群严重得多。

富含欧米伽3脂肪酸的食物包括鲑鱼、马鲛鱼、青鱼、沙丁鱼等冷水鱼，还有亚麻、核桃、葵花籽、大豆、杏仁、鹰嘴豆、麦芽和米糠。

细胞因子（cytokines）在炎症中发挥了主要作用（在希腊语中，cyto是“细胞”的意思，kinos是“移动”的意思）。白介素、干扰素等免疫调节机构的主要成分是蛋白质、多肽类和糖蛋白。如果必需氨基酸不均衡，细胞因子就会引发炎症，然后启动免疫系统，攻击并杀死这些细胞。细胞因子的增加与抑郁、焦虑和认知障碍有关，必需脂肪酸减弱炎症的另一个途径是通过二十碳五烯酸抑制细胞因子。

你的饮食对你的大脑白质有主要作用。大脑白质主要是由神经胶质细胞组成，之所以叫胶质细胞，是因为研究人员最初以为它们只有辅助功能，像胶水一样把大脑粘连在一起。现在我们已经知道，胶质细胞也分很多种，它们发挥着很多重要作用。事实上，它们能够通过钙离子波相互通信，胶质细胞的数量比组成灰质的神经元多得多。

白质在脑室附近发生变化，叫作高信号区，随着我们年龄增长，高信号区也会扩大，大约65岁以上的人有25%、75岁以上的人有50%会出现高信号区。这些白质变化常常会导致微血管病变，破坏上百万个毛细血管，影响记忆、专注、解决问题等功能，高达60%的阿尔茨海默病患者会出现白质变化。

胶质细胞的一个功能就是包裹轴突，轴突是神经元向其他神经元发送信息的部分。这层包裹被称为髓鞘，它使得神经元之间的刺激更加有效。就像包在电线外面的塑料皮是用来保护电线、防止短路一样，髓鞘是用来保护轴突的。髓鞘由多种脂肪、脂肪酸、磷脂和胆固醇组成，其中，胆固醇占四分之一。尽管胆固醇名声不大好，但有一种胆固醇是有益的，那就是高密度脂蛋白，而低密度脂蛋白则是有害的。缺少髓鞘或者髓鞘被破坏都会妨碍神经刺激，多发性硬化症是一种典型的脱髓鞘疾病，它最终会导致患者不能走路、记忆障碍、抑郁。

根据乔治·巴特克斯教授发表在《老年神经生物学》杂志上的文章，中年时期髓鞘的完整性关系到晚年阿尔茨海默病的发病率。如果体内的低密度脂蛋白或铁含量太高，髓鞘就会受到破坏。当大脑内胆固醇含量升高时，最终就会生成一种伤害大脑的毒性蛋白质。

低密度脂蛋白之所以有害，是因为它有一种粘在动脉壁的倾向，脑血管只好妥协。而高密度脂蛋白则恰好相反，它把体内的胆固醇送回肝脏处理，防止它们堆在动脉壁上，因此，它被称为有益胆固醇。

低密度脂蛋白太多，会增加中风和心脏病的风险。除了这些极端情况以外，低密度脂蛋白太多还会导致老年人认知能力下降，因为它们损害了大脑中的血液流动。

某些动脉硬化患者孩提时代干净、流畅、柔韧的血管，变成后来堵塞、僵化的血管，可能是很多坏习惯的结果，包括不健康饮食、缺乏锻炼、糖尿病、长期压力，特别是摄入过多的低密度脂蛋白。充满低密度脂蛋白的斑块，是一种富含脂肪的黄色黏性组织，它妨碍了血液的自由流动，使动脉越来越堵塞。随着血压上升，动脉开始鼓起来，最终导致中风。

动脉硬化的众多风险因素之一是高半胱氨酸含量过高，健康的B类维生素（包括叶酸、B_6和B_1）供应可以将高半胱氨酸维持在可控水平。但如果人体缺少B类维生素，高半胱氨酸水平就会上升，中风和心脏病的风险也就会随之上升。除了中风以外，动脉硬化还会损伤大脑，加速智力衰退。

花生酱中的脂肪可以在不增加整体胆固醇的前提下，增加高密度脂蛋白摄入。在饮食中增加单一不饱和脂肪酸，包括菜籽油、鳄梨油和橄榄油，添加一些可溶性纤维，包括燕麦、水果、蔬菜和豆类，会降低体内的低密度脂蛋白水平，提高高密度脂蛋白水平。纯红莓果汁、鱼和其他食品含有较多的欧米伽3脂肪酸，也能提高高密度脂蛋白水平。

当然，人们普遍对脂肪存有坏印象也是有一定道理的，一些脂肪需要尽量从饮食中摈弃。一种这样的不健康脂肪就是变性植物脂肪，也叫反式脂肪酸。

在金属容器中长时间加热不饱和植物脂肪，比如油炸时，就会产生反式脂肪酸。这些变性脂肪的构造和那些必需脂肪酸不同，二十二碳六烯酸之类的健康脂肪酸形状弯曲、柔软有韧性，有助于保持神经细胞膜的电性质。反式脂肪酸的形状是直的，和饱和脂肪酸一样，在人的体温环境下就会凝固，对细胞膜有腐蚀作用。

在标准的西式餐饮中，反式脂肪酸非常普遍。常见的反式脂肪酸来源包括用氢化油加工的食品，直接判断你购买的食品是否含有反式脂肪酸很难，可以在食品包装上查找“含有氢化植物油”的字样，那是含有反式脂肪酸的另一种说法。含有反式脂肪酸的一些常见食物包括薯片、蛋黄酱、甜甜圈、曲奇饼、梳打饼干、蛋糕、起酥油、膨化奶酪点心、人造奶油、深度油炸食品、某些沙拉酱、糖果。

在典型的美式餐饮中，大约含有4%～7%的反式脂肪酸，食用这些反式脂肪酸会削减你体内健康脂肪的水平。如果一个人饮酒过量、食用太多欧米伽6脂肪酸或者补充必需脂肪酸不足，就会出现不健康脂肪取代健康脂肪的情况。

芝加哥拉什大学医学中心对4000名患者的一项研究，检查了反式脂肪酸、饱和脂肪、铜与认知衰退之间的关系。人体内铜含量上升与认知衰退有关，食用反式脂肪酸和饱和脂肪与铜含量提高有关。因此，过量铜引发的毒性，与反式脂肪酸、饱和脂肪的过度消费有关，最终导致了认知衰退。

反式脂肪酸让大脑变愚钝有几种方式，它们可能直接占据细胞膜，让细胞更加僵硬、更不灵活，干扰大脑细胞膜的正常功能。它们还会干扰多巴胺之类神经传递素的合成，损害大脑的血液供应，阻碍人体制造二十二碳六烯酸等必需脂肪酸的能力，增加低密度脂蛋白，减少高密度脂蛋白，增加血管中的斑块，增加甘油三酸酯（它会导致血液滞流，减少大脑的氧气供应），此外，过量的反式脂肪酸导致严重的肥胖问题。

甘油三酸酯是血液中的一种脂肪，在你吃饭的时候，身体会把它不需要的热量转化为甘油三酸酯，用它来储存脂肪细胞。在两顿饭之间，激素把甘油三酸酯释放出来提供能量。但如果你吃的食品热量太高，超过了身体所需，你的甘油三酸酯水平就会上升。人们已经发现，甘油三酸酯水平上升与多种健康问题有关，包括抑郁加重，而降低体内的甘油三酸酯水平能缓解抑郁。

请尝试采用以下饮食建议。

- 有益大脑健康的饮食既有大量营养素（碳水化合物、蛋白质和脂肪），又有微量营养素（维生素和矿物质）。
- 食用天然食品和均衡食品有助于大脑健康。
- 避免简单碳水化合物，血糖指数中碳水化合物越少越好。
- 确保你食用的脂肪均衡，尽量彻底远离反式脂肪酸。
- 在任何时候都要保持充足的水分。
- 不要让红肉成为你的日常饮食。
- 每周吃两到三次鱼。
- 选择含有复杂碳水化合物、蛋白质、水果或蔬菜的均衡饮食。
- 避免油炸食品。
- 避免精加工食品。

CHAPTER 4 THE EXERCISE FACTOR

第四章
锻炼因素：用最廉价的方式磨砺出最有活力的大脑

黛安跟我抱怨说她感到疲惫，担心持续的疲劳会让她思维迟钝。客观来说，她的生活中没有什么特别值得紧张的事物，但她觉得每一件事都令人紧张。在两个女儿搬走之后，她知道自己有了更多的自由时间，却也在困惑这些时间都去哪儿了。

去看望女儿和外孙的时候，尽管对居住的旧金山已经非常熟悉了，她还是会感到激动与放松。我告诉她，这说明在市里翻过几座山之后，即使身体疲惫，她的心情依然兴奋。换言之，她投入了体力，却得到了更多的回报。

她告诉我，她每周参加两次瑜伽班，尽力完成每一个动作。我在40多年前就从学习瑜伽中受益匪浅，拜访了世界各地的多处修行处所。舒展身体、打开副交感神经系统，是一种美妙的冥想方式，可以收获冥想所能提供给大脑的全部好处，但它并不能提供有氧运动带来的振奋，后者会给大脑带来多重生物化学物质的提高，包括分泌更多脑源性神经营养素，增加新的神经元。在老龄化导致神经元损失的时候，这种增加就显得尤为重要。

于是，我建议她保持瑜伽锻炼以外，增加有氧运动，更好地提高精力。对我的这一建议，她不假思索地拒绝了："我可不想去那些俱乐部，一个个在里边秀身材。"

她并不胖，但腰上赘肉过多，肌肉缺乏张力，从停车场走到门诊室就气喘吁吁。我问她："你去旧金山看望女儿时，也会这样吗？"

"最开始是这样的。"她顿了一会儿，看着我说，"你是说我的身材走样了吗？"

"看起来，你好像通过锻炼巩固了身材，更重要的是，你的锻炼还提升了精力。"

我继续向她讲述，有氧运动能够促进多种神经传递素，让大脑更加冷静和聪明，"你感到思维迟钝，定期锻炼能给你提供一些神经化学物质，在大脑中负责记忆和注意力的关键区域增加新的神经元。"我继续向她介绍，在海马体和前额皮质中形成新的神经元时，脑源性神经营养素发挥了怎样的促进作用。

"呃，你是说，我应该把自己累个半死，来换取这些好处吗？"

"事实上，锻炼可以强健你的整个身体，还能延长你的大脑寿命。到那时你会感受到，现在抱怨的思维迟钝已经烟消云散。"我解释说，因为锻炼，人体会出现很多代谢修复和建设过程，这有助于构建更加强壮、更加年轻的身体和大脑。

"我不会去任何一家健身俱乐部，再说了，我也没钱。"

"散步是最省钱、最方便的锻炼方式，你需要做的就是尽量快走，达到难以开口说话也难以走更快的状态，这个叫'散步测试'。如果你能每天坚持走20～30分钟，喘着气出一身汗回来，你就达到了有氧运动的效果。"

下一个挑战是帮助她把散步安排到日常生活里去。我们所有人都可能发现自己有太多重要事情要做，很容易在锻炼身体这件事上拖拖拉拉。她同意把散步放进每天傍晚的日程安排，接受了之前拒绝过的建议——下班后和朋友们一起步行回家。第二次见面时，她看起来精神焕发、神情专注、信心十足，对此我毫不奇怪，她说：“我简直不敢相信，在生活中做出这样一点小改变，竟然有这么大的效果。我的情绪似乎更加稳定了，此外还出现了一个我没有预料到的情况：我感觉和女儿的关系更好了。”

和大部分人一样，黛安认同了锻炼有益健康的理论。或许你也认同，但是不知道为什么它对健康有好处，更不用说为什么对大脑有好处了，本章将向你解释锻炼是怎样磨砺大脑的。

现在开始定期锻炼将延长你的大脑寿命，它会推迟阿尔茨海默病等痴呆症的侵蚀，在你放松的同时强化你的认知和情绪。

锻炼因素调查问卷

阅读下列问题，在相应答案上画钩。

问　题	是	否
你是否经常耽误锻炼，总是推迟，想等到自己“有时间”?		
你是否会给自己找理由说必须全身心调动起来，或者“感觉良好”后才能锻炼，不这样的话，你就觉得不可靠，不能得到充分的锻炼?		
你是否担心自己在锻炼上花费了太多时间，等老了也不见得对脑子有多大好处?		
你是否担心，自己已经有健康问题了，锻炼可能让问题更糟糕?		
你是否会因为锻炼而感到尴尬，觉得让别人看到自己在努力锻炼会不好意思?		

续表

问 题	是	否
你是否认为锻炼只适合那些健康人?		
在你锻炼的时候，你是否很爱惜自己，很少大汗淋漓?		
你是否认为锻炼只是众多促进健康方法中的一种，觉得如果采取其他方法，也一样能健康?		
锻炼完之后感觉非常疲惫，你是否会有挫败感，不想坚持了?		
每周锻炼一两次之后，你是否就认为自己已经完成了任务?		

如果你对上述问题有任何肯定的回答，都会让你的身体和大脑陷入困境，减缓自身恢复活力的能力。

■ 锻炼是人类基因决定的必备需求

直到近代，英语中还没有“锻炼”这个词，因为我们总是不爱锻炼。大约11000年以前，我们的某些祖先开始进入农业社会。在那之前，他们需要在狩猎采集区域活动，每天大约需要跑12英里路来猎取并收集食物，而现在，我们每天开车去超市购买食品。

但是决定人体基本解剖构造和生理学基础的人类基因，在过去的11000年里并没有发生什么变化，发生变化的是我们每天使用的能量、消耗的能源。问题在于我们的身体进化适应了远距离奔跑，然而，在没有任何辅助的条件下，徒步旅行12英里足以让我们筋疲力尽，糟糕的是，我们吃的东西储备了足够的能量，足够跑这么远，但依然懒洋洋地躺在沙发上。

我们生理基因的基本框架和公元前50000—前10000年依然相似，而那时我们的祖先作为狩猎采集者，长得非常健壮，尽管我们现在的外表和远古祖先大不相同，但这主要是我们久坐不动的生活方式和高热量、高脂肪、少纤维的饮食习惯造成的。因此，我们现在的基因适应不良，这才导致了不正常的基因表达，造成了多种熟悉的疾病。我们的基因进化，要求保持一定量的身体活动，才能保证身体基因的正常表达。定期锻炼能让我们身体内部的平衡机制接近我们祖先的正常生理范围，每天锻炼有助于正常的基因表达。

我们的祖先要跑更远搜寻食物，选择了很多基因，但现在因为缺乏身体活动，这些基因开始衰退。在运动较少的人身上，这些基因会制造出不同质量的蛋白质，影响其他导致慢性疾病的基因，随着时间流逝，这种情况导致了动脉硬化、某些癌症、肥胖症和2型糖尿病等慢性疾病的流行。

结果，现代西方社会肥胖症、晚发型糖尿病、心血管疾病随处可见，而且人们普遍超重，这些都是比较明显的问题。更微妙的是，这对我们的大脑也产生了消极影响，这就是黛安发现的情况。她并不超重，心血管没什么大问题，也没有糖尿病，但是缺乏运动让她的大脑陷入了困境。

缺乏锻炼会带来一些显著的变化，包括以下方面：

- 骨骼肌体积减小、强度下降。
- 骨骼肌氧化碳水化合物和脂肪的能力下降。
- 胰岛素抗性升高。
- 在不受限制的工作负担下，骨骼肌细胞新陈代谢的动态平衡出现紊乱。
- 流入心脏的血管扩张能力下降。

- 最大心脏排血量和搏出量变少。
- 肌肉减少症。

尽管以前的狩猎—采集者和我们这些不爱运动的普通人一样，到老年视力和听力都会出现衰退，但他们衰退更慢，而且极少出现肥胖症、高血压、肌肉减少症、胆固醇过高、非闭塞性动脉硬化、胰岛素抗性等慢性病。例如，两个基因相似的人群，住在不同的地方，有不同的行为习惯，会因为运动和饮食的区别表现出巨大差异。皮马印第安人被美国和墨西哥的边界分成了两个群体，墨西哥的皮马人每天消耗在运动上的热量要多出2100～2520kJ（约合500～600大卡），饮食中脂肪较少，纤维素较多，平均体重不足26公斤，也普遍没有肥胖的亚利桑那皮马人当中流行的糖尿病，亚利桑那皮马人中出现2型糖尿病的比例是他们的6倍。

我们那些从事狩猎—采集的祖先平均每天消耗大约3000大卡热量，其中有1000大卡热量用于维持生命的活动，其他2000大卡热量都用于基础的生命过程。今天，一个典型的美国人每天吃下去2400大卡热量，其中只有300大卡用于身体活动。用于维持生命的热量每天只多100大卡，每年下来也会积攒好几磅脂肪。

体重是由人体摄取和消耗的热量共同决定的，就好像是烧燃料一样。热量有这么几种用途：（1）在休息时候维持细胞、组织、器官存活的最低能量要求（类似于让一辆汽车发动机空转）；（2）消化食物所需要的能量；（3）加热食物所需要的能量；（4）身体活动所需要的能量。前三项所需的能量一般是固定的，因此，最终就是第四项（身体活动）与摄取的能量共同决定了一个人的体重。更进一步，是肌肉的健康程度影响了人体的基础代谢率。

与亚利桑那的皮马人类似，美国人整体都在面对一场健康危机。

根据美国疾病控制与预防中心的说法，有60%的美国人都处于超重状态，30%的美国人有肥胖症。这些数据指出，缺乏运动与不健康饮食是导致美国人死亡的两大原因，这种不健康趋势现在已经流传到了全世界。世界卫生组织报告说，全世界60%的人都超重。

被弱化的骨骼肌是主要的健康威胁。据评估，70岁以下的人有8.8%肌肉弱化，80岁以上的更是高达17.5%。肌肉弱化的人死亡率会大幅上升，尽管萎缩的肌肉增加了他们的葡萄糖摄入，但是身体活动的减少，与胰岛素抗性的快速上升密切相关。

哈佛大学医学院的健康研究发现，每周活动身体（比如快走）不足两个半小时的人，比起其他每周至少锻炼两个半小时以上的人来，出现重大健康问题的可能性更高。例如，那些久坐不动的人会出现以下问题：

- 乳癌发病率提高22%；
- 死亡率提高41%；
- 冠心病发病率提高43%；
- 胆结石发病率提高49%；
- 2型糖尿病发病率提高85%；
- 结肠癌发病率提高85%；
- 糖尿病冠心病发病率提高92%；
- 缺血性中风发病率提高115%。

锻炼会激活骨骼肌中的很多基因，根据锻炼时间的长短，这些基因可以分为三类。应激反应基因在锻炼的后期被激活，它们的蛋白质集中度会快速上升到非常高的水平，在锻炼结束后又快速回落到正常水平。这些非常敏感的基因所产生的蛋白质，是所有细胞面对压力都会产生的，包括热激蛋白和转录因子，转录因子很接近早期基因。

第二类被称作代谢优先权基因。在新陈代谢紧张的时候，比如当肌肉糖原或血糖较低的时候，就会需要这些基因。这些基因也能够在高层次被表达，一般在几小时之后达到顶峰，在24小时之后恢复到正常水平。

第三类被称为代谢/线粒体酶基因。这些基因合成把食物转化为能量的蛋白质，它们生成的蛋白质浓度很低，要一周以后才能回落到正常水平。这些基因在肌肉的柔韧性中发挥作用，能够提升线粒体和毛细血管的集中程度。

不需要胰岛素的参与，光靠锻炼就能激活4号葡萄糖输送基因。4号葡萄糖输送基因能让葡萄糖穿过质膜，从血液中进入肌肉细胞，提供能量，激活肌肉细胞，同时迫使肌肉细胞必须依赖只能由胰脏分泌产生的胰岛素。不锻炼的时间久了，不活跃的肌肉细胞对胰岛素的敏感程度就会渐渐降低，胰脏的分泌功能不足以弥补这种差距，血糖水平就会上升，这一系列过程会产生2型糖尿病。4号葡萄糖输送基因被称为生活方式基因，因为锻炼时的肌肉收缩会改变它的表达。运动不足，会影响骨骼肌质膜中的4号葡萄糖输送基因，令人容易出现糖尿病。

只有半衰期足够长的蛋白质才能在不断的锻炼中积累下来，这解释了为什么要锻炼数周甚至几个月之后，才能体现出有氧运动的健康效果。不过，哪怕是一次锻炼，也会产生一些即时效果。例如，身体活动会限制下一餐后的血糖上升。事实上，人们公认在活动身体时，只要胰岛素与一个细胞结合，就会激活一个或多个信号蛋白质，然后降低血糖指数。

总体来说，这种基因损害意味着，如果人们不锻炼，就会出现严重的健康问题。缺乏锻炼加上越来越不健康的西式餐饮，影响了某些基因，比如4号葡萄糖输送基因，导致出现了类似胰岛素抗性那样的健康问题。锻炼对健康的好处会随着时间显现出来，而且对大脑有非常好的效果。

有氧运动减轻损害大脑细胞的炎症

大部分人都同意，从理论上来说，拥有健康的体魄是件很不错的事情。像黛安一样，或许你还不知道为什么锻炼有益于磨砺大脑。当你感觉自己累了的时候，锻炼能够加强你的认知能力和精力。锻炼能够磨砺你的大脑，延长它的寿命，强化你的认知能力，让你的情绪保持平稳。

有氧运动会给大脑带来多重改变，它能立刻给大脑带来更多的氧气和葡萄糖。如果你定期锻炼，身体就会做出反应，形成新的毛细血管，给大脑细胞供应更多的血液，强化保护那些细胞的大脑化学物质与新的神经连接。

锻炼既能保护大脑，又能强化大脑。它的保护作用有多种方式，例如，慢性炎症会破坏全身上下的细胞，特别是大脑细胞，但是锻炼能够减少发炎物质，这对大脑的寿命很重要。一项展示这种保护效果的研究收集了13748人的医学记录，通过检查人体内C反应蛋白的水平，发现锻炼能够减轻炎症。大量锻炼的人只有8%C反应蛋白水平偏高，而那些不锻炼的人则有21%C反应蛋白水平偏高。那些锻炼量适中的人C反应蛋白偏高的比例为13%，锻炼较少的人C反应蛋白偏高的比例为17%。总体来说，锻炼量越大，C反应蛋白水平越低（如表4.1所示）。

所有年龄段的人都可以通过锻炼减轻炎症。在对800名70～79岁的老人进行检查时，发现适量和大量的锻炼都降低了C反应蛋白水平。完全不锻炼会损害大脑中的干细胞，削弱神经形成的潜力，相反，适

表4.1　锻炼对C反应蛋白水平的影响

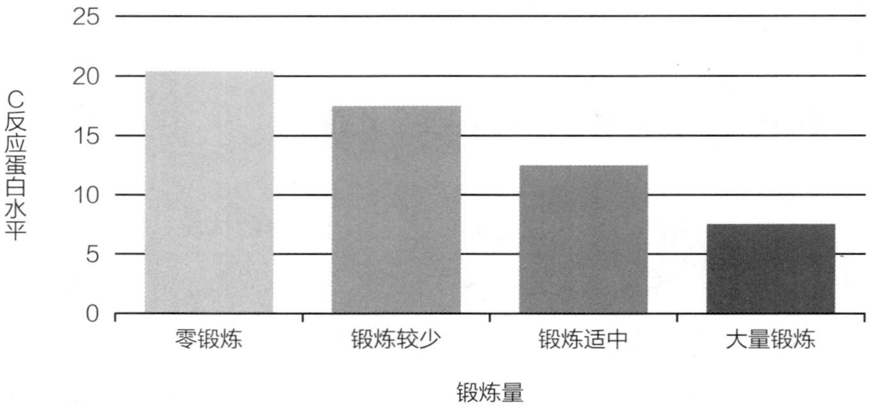

量或大量锻炼有助于神经形成。

写这些文字时，我正在参加完凯泽永久医疗中心发起的一次全国性研讨会，从华盛顿回家的航班上。这次会议探讨了快走的多种健身好处。这样一家非常大规模的医疗机构，为什么要把散步推向锻炼疗法的第一线呢？专家们指出了锻炼对治疗糖尿病、慢性疼痛、肥胖症、心脏病和抑郁症的积极作用。一位来自英国哥伦比亚大学的医生报告说，亚健康人群面临的健康风险比所谓的“烟胖糖病”还严重，强调亚健康对健康的毁灭性打击，比抽烟、糖尿病和肥胖症加起来还要厉害。

处于亚健康状态会破坏大脑。根据美国国家健康统计中心的数据，只有25%的美国人身体是完全健康的。更麻烦的是，只有10%的人会积极保护自己的健康。产生这些统计数据的一个主要原因就是心血管疾病和糖尿病等慢性疾病的流行，而这两种病都是可能导致痴呆症的风险因素。

2型糖尿病的流行，就是我们高热量、大分量餐饮和缺乏锻炼的恶果。2型糖尿病患者平均只能存活6年，在最后几年里还会出现糖尿病综合征，症状包括神经疾病、视力障碍、精力衰退等。这些更加微妙的症状，加剧了患者的抑郁程度和认知障碍。

定期锻炼不但能燃烧多余的热量和体重，还能促进胰岛素受体在全身的分布，辅助葡萄糖的新陈代谢。这个好处非常重要，因为不论是葡萄糖过量，还是受体出现胰岛素抗性，都是导致2型糖尿病的原因，因此，防止出现2型糖尿病的最佳方法之一就是定期锻炼。

如果你有慢性疼痛，锻炼也是一种有效的治疗手段。有氧运动能让心脏更加强壮，有助于防止有害胆固醇的积累，同时提升肝脏、胰脏和其他重要内脏的功能。尽管患有慢性疼痛、风湿性纤维肌肉痛、关节炎或其他类似病情的人常常发现，哪怕是想一想运动锻炼也会疼，但一旦把锻炼付诸行动，他们的疼痛程度就会下降，参加锻炼的积极性就会上升，因为人体释放出了内生性镇痛剂（大脑自己产生的止痛药）。

■ 运动是没有副作用的抗抑郁与焦虑症药物

很多研究已经表明，锻炼对治疗抑郁症非常有效，这些研究尚未得到美国政府的认可，但在世界各地已经被广泛采用。这些研究发现包括：

- 一项已经完成的、针对3403人的研究发现，那些每周锻炼两到三次的人较少出现抑郁、生气、紧张、嘲讽他人等现象。
- 荷兰一项对19288名双胞胎及其家庭的研究发现，那些经常锻炼的人较少出现焦虑、抑郁、神经质，在人际交往中更加开朗大方。
- 加州阿拉米达地区一项对8023人的研究，在跟踪研究26年以后发现，那些不参加锻炼的人出现抑郁症的比例是其他人的1.5倍。

- 哥伦比亚大学一项对8098人的研究发现，锻炼与抑郁之间存在反向关系。

在得克萨斯大学的一项研究中，给有严重抑郁症的两组人分别开出“锻炼”和“休息”的药方，结果发现两组人的紧张压力都有所缓解，不过，锻炼组的积极情绪和活力也得到了改善。

杜克大学医学中心的布卢门撒尔及其同事发现，有氧运动项目能够减轻中老年人和女性的抑郁症，并改善他们的认知能力。这项研究的156名男女研究对象都被诊断有严重抑郁症。他们被分为三组：服药、锻炼和综合组。锻炼组每周锻炼三次，每次花30分钟时间进行散步、骑自行车或慢跑。研究人员发现，三组人员的症状都有所改善，换言之，单靠锻炼就有抗抑郁的效果。

过去20年的研究表明，心理健康专家逐渐相信，治疗抑郁症的最佳方法，除了传统的心理疗法和药物疗法之外，还应该在药物疗法之前加上锻炼疗法。研究发现，每周锻炼三次，每次30分钟，治疗抑郁症的效果至少相当于左洛复之类的抗抑郁药物。杜克大学的研究人员发现，快走或者原地骑车的锻炼方法和抗抑郁药物效果一样好，那些抑郁症改善之后，继续坚持锻炼10个月的人，防止症状反弹的效果更好。一份对14项研究的总结发现，有氧运动对轻微到中度抑郁的疗效，不但好过抗抑郁药，甚至能达到心理疗法的效果。使用有氧运动治疗抑郁症，至少需要坚持五周，每周快走或者跑步三次以上。

最近有大量研究表明，通过锻炼缓解抑郁的效果相当于心理疗法。以下就是其中的一些发现：

- 俄亥俄州立大学的一些研究，让患者每周锻炼5天，每天散步45分钟（将心率提升到最大限度的60%～70%），与没有锻炼的对照组相比，他们的白氏抑郁症指数平均值从14.81下降到了3.27。

- 威斯康星大学的一项研究发现，锻炼（慢跑）对于中度抑郁症的治疗效果和心理疗法相当。

  一年以后，90%的锻炼组人员不再抑郁。作为对比，心理疗法组中有50%的人员依然抑郁。

- 杜克大学的一项研究发现，锻炼的效果相当于使用抗抑郁药物左洛复。

  跟踪观察6个月以后，锻炼疗法防止症状复发的效果比药物治疗好50%。

  美国国家心理健康研究院的研究小组总结认为，长期锻炼能够减轻中度抑郁。

锻炼能够带来很多种心理裨益，有助于缓解抑郁。例如，锻炼能够提高血清素和多巴胺等神经传递素的作用，起到振奋精神的效果。事实上，大部分抗抑郁药物就是瞄准这些特别的神经传递素来发挥作用的。但是相比较而言，药物还会带来类似失眠、体重增加、性功能障碍等麻烦，而锻炼在这些方面依然能起到积极作用，包括提高睡眠质量、控制体重、增强性活力等。

锻炼不像药物，它会带来好的副作用。我常常问患者："你想要什么样的副作用，好的还是坏的呢？"大量研究表明，定期锻炼的焦虑症和抑郁症患者（只需要每天散步就够），很快就会感觉好转。锻炼不仅能减轻焦虑，还能增加积极感受。锻炼会释放出一种神经肽——内啡肽，它与大脑中的类阿片受体结合，会产生强大的止痛效果。

研究表明，锻炼对轻微和中度抑郁有效，而抗抑郁药物对它们的治疗效果极其有限。从2000年《美国医学会学报》发表的一篇论文开始，一些著名期刊发表了很多文章，报告抗抑郁药物对轻微和中度抑郁症的疗效有限。

锻炼能通过多种方式缓解抑郁。以一种神经传递素为例，抑郁或焦虑与血清素水平低有关。当人体分解脂肪酸、为肌肉提供能量时，血清素水平就会上升。色氨酸是合成血清素的前体，转运蛋白能够提升它在血液中的含量，而脂肪酸会与色氨酸竞争转运蛋白。一旦色氨酸冲破了血脑屏障，它就会被合成血清素。在你锻炼的时候，脑源性神经营养素也会提升血清素水平，就像我们在前文中描述的一样。

锻炼不止有很好的抗抑郁效果，大量证据表明它还有很强的抗焦虑效果。锻炼可以通过多种方式改变大脑，起到治疗焦虑的效果，它能够提高心血管系统的效率，降低血压。研究人员发现，锻炼能将更多的氧气送入大脑，改善毛细血管的健康。例如，在锻炼期间心跳加速时，会产生一种叫作“心钠素”的激素。心钠素能够缓和下丘脑—脑垂体—肾上腺轴及其“搏斗或逃跑”反应，缓冲人体的紧张反应。心钠素穿过血脑屏障，与下丘脑中的受体结合，缓和下丘脑—脑垂体—肾上腺轴的活跃程度，从而达到这样的效果。它作用于扁桃核和蓝斑，减少促肾上腺皮质激素释放激素，这是导致“搏斗或逃跑”反应的神经化学过程中的一环。因此，心钠素消除了导致焦虑的一些重要因素，包括关闭肾上腺素的分泌和降低心率。

紧张压力的积累会导致肌肉紧张，难以放松。锻炼可以放松肌梭的这种静止紧张，打破它反馈到大脑的紧张循环。一次好按摩也能打破这种紧张反馈循环。因此，可以说有氧运动缓解紧张压力的放松效果相当于一次好按摩。

有氧运动还能通过降低一种叫作“胆囊收缩素四肽”的化学物质，

降低焦虑程度。即使对于从未恐慌过的健康成年人，胆囊收缩素四肽也能引发恐慌效果。一项研究表明，人们在进行30分钟有氧运动之后，再注射胆囊收缩素四肽，表现出来的恐慌症状要比注射前休息的人轻。

事实上，锻炼之所以能够如此有效地平稳情绪，有很多原因。治疗心理疾病所需要影响的神经传递素，通过锻炼也能提升其水平，长期来看，药物目的都是要让这些神经传递素更充裕、更有效，但锻炼的效果更好。例如，一种叫作γ-氨酪酸的抑制性神经传递素能让你平静，苯并二氮药物，比如安定和氯羟安定，都是作用于γ-氨酪酸系统来让你镇静，但这些药物不但非常容易上瘾，还会产生抗药性，当它们的药效逐渐下降时，就会增加所谓的焦虑敏感度，也就是说，在药物作用消退之后，你会比服药前更加焦虑。苯并二氮药物的另一个副作用是抑郁症，服用这些药物，就好像在一片温暖的流沙中跋涉，一开始感觉不错，但很快你就会被卷入抑郁和焦虑的深渊。

这些药物最终会适得其反，因为大脑的化学状态适应了非正常的强化。当大脑习惯从外界获取这些盗版神经传递素之后，对它的分泌就会更少，你的大脑就好像说："我们已经有大量的γ-氨酪酸了，所以不要再制造那么多了。"当药物的效果消退之后，大脑就会缺乏γ-氨酪酸供应。在下一次服药之前，你会感到更加焦虑。每一次药效消失之后，你都会有这种感觉。我曾看到很多心理疾病患者，错误地干扰了这些症候，结果导致了比之前更加严重的心理问题。这样看来，苯并二氮不过是假宝贝而已。

锻炼没有这些事与愿违的副作用，与那些药物带来的消极副作用相反，它还有其他积极作用。只要运动你的身体，就能释放γ-氨酪酸。锻炼能够提升神经传递素、神经调质和神经激素的充裕程度，使你更加平静、更有活力、更加专注。众所周知，在激烈运动之后，你可能出现“跑步者高潮”。事实上，你并不需要跑到那种程度，不过，必须是有氧运动，所谓的跑步者高潮源自以下几种大脑化学物质的活跃。

- 多巴胺、去甲肾上腺素和血清素等神经传递素；
- 内啡肽；
- 内源性大麻素；
- 心钠素，它能够减少下丘脑—脑垂体—肾上腺轴中的激素；
- 脑钠素，也能减少下丘脑—脑垂体—肾上腺轴中的激素。

锻炼能够降低肾上腺素和皮质醇等化学物质的水平，这一点很重要，因为傍晚或晚上它们的水平较高时，会导致失眠，降低这些与紧张相关的化学物质能够改善睡眠。我们将在睡眠因素那一章讲述，如果在上床前3～6小时内做运动，你的睡眠会更加香甜，这与降低紧张化学物质、晚上体温降低有关。

锻炼有助于最小化皮质醇等紧张激素的水平。皮质醇过多会从多个方面对全身特别是大脑造成伤害，比如，增加腹部脂肪（大肚子），下一节我们会讲到，要保持大脑健康，必须远离这种大肚子。高水平的皮质醇还会提高患2型糖尿病的风险，加重焦虑；20%的抑郁症患者海马体会受到损伤，出现萎缩。

甩掉大肚子，减少健忘与糊涂的概率

体内脂肪过多会对大脑造成损伤。根据瑞典一项连续24年的跟踪研究结果，体重指数越大，出现阿尔茨海默病的风险越大。韩国的一项研究发现，按照简易智力状态检查，体重指数的增加与认知能力的提高存在反向关系，换句话说，脂肪增加的时候，认知能力会衰退。

如果你体重超重，多余的脂肪所处的位置也大有不同。大肚子不但对你的健康很不好，对你的大脑也有毒害作用。雷切尔·惠特默是凯泽永久医疗研究中心的一名科学家，她领导的一项研究发现，有大肚子的人在70岁以后出现痴呆症的风险会显著升高。该项目对6000多人进行了研究，发现40岁之前脂肪过多，特别是肚子上，会增加他们健忘和糊涂的概率，随着年龄增长，这些都是痴呆症的前兆。

腹部脂肪比臀部脂肪（在臀部和大腿周围的脂肪）更有害。人们发现，腹部脂肪多的人有更多的炎症细胞活素。腹部脂肪能将这些炎症蛋白积留下来，而炎症不但会损伤腹腔中的内脏系统，还会对大脑造成危害，阿尔茨海默病等痴呆症的一个重要诱因，就是炎症。

大肚子和大脑健康恶化之间的关联，涉及很多健康问题。脂肪细胞并非蛰伏不活动的贮藏单元，腹部脂肪会引发炎症。大肚子积留的毒性化学物质会增加发炎的风险，收缩血管，破坏细胞的完整性。脂肪细胞释放出的炎症物质，和你被感染或受外伤时是一样的。细胞活素增多，不仅与炎症有关，还通过所谓的病态行为与抑郁有关。细胞活素会降低脑源性神经营养素水平，后者能够保护神经细胞，促进神经可塑性和神经形成，所以，炎症还与认知缺陷有关。

燃烧多余脂肪的最佳方法之一就是在傍晚锻炼，在燃烧多余脂肪的同时，你还能减缓海马体的萎缩，甚至逆转萎缩，那是大脑负责记忆的关键部分。

我的一些患者抱怨说，他们的工作很紧张，下班回家很难放松下来。我总是让他们在晚饭前后进行快走或者其他形式的有氧运动，并告诉他们，这样做，到晚上睡觉时就能更好地进入并保持睡眠。

知道锻炼能抗抑郁、抗焦虑、促进睡眠是一回事，把这些认识投入实践是另一回事。如果只有一丁点儿抑郁，你可能就会拖延，而拖延会造成更多的抑郁。就像一般的重塑大脑过程一样，你必须做一些自己不想做的事情，养成习惯，这样才能刺激神经可塑性。

有时候迈出了第一步，第二步就容易多了。对于那些难以迈出第一步的人，我会给予他们鼓励。我会和他们一边聊天，一边走回我的办公楼，那是一条很棒的步行道。我每天至少会去那里一两次，快走或者跑步。

对我来说，一个额外福利就是那条步行道经过一些水塘，里边有很多水鸟，包括天鹅。对我这样的人来说，长时间待在办公室，到户外特别是自然环境中能够恢复活力。在我负责行政事务的日子里，每当我被一个复杂的培训问题搞得焦头烂额，我就会告诉助手："我需要去找天鹅提提神。"

我经常告诉我的病人们，我和助手已经把这样的散步当成了每天必做的事情，我请他们保证采取同样的做法。有的抑郁症患者会拒绝锻炼，这并不鲜见。我会郑重地问他们："你摆脱抑郁或焦虑的心情有多迫切呢？这种迫切足够让你做一些自己不喜欢的事情，比如散步，对不对？"这句话往往奏效，如果还不行，我就会讲一个故事，故事的主人公极度抑郁，决定拼命跑步把自己跑死。他跑了一英里，觉得这足以诱发心脏病了，结果安然无恙。第二天，他跑了两英里，结果还是没事。第三天，他跑了三英里，这时他开始感觉不那么抑郁了，同时意识到，他必须继续跑步，但不是为了把自己跑死，而是要以此避免死亡。

每一个来找我看抑郁症或焦虑症的人，除了心理治疗以外都得到了锻炼身体的处方。事实上，凯泽永久医疗现在已经使用一种便签本辅助患者锻炼，特别是散步。本子上记有患者的名字，每天散步的分钟数，每周散步的次数以及患者签名处。在过去一年里，我曾把这些便签本发给同事们，用来辅助我们所有的抑郁症和焦虑症患者散步。

■ 越是锻炼，大脑血管越畅通

保持大脑中的血管健康是大脑长寿的关键。在健康的血管里，胶原蛋白和弹性蛋白的数量是平衡的，前者提供硬挺性，后者提供弹性，它们共同提供灵活的血管壁支撑。人在25岁之后，胶原蛋白的数量上升，使血管变僵硬，不能随着血压的变化而扩张或收缩。

如果脑血管系统受到损伤，出现了脑血管疾病，正常流过血管的平稳血流就会出现混乱，导致血液瘀积甚至逆流，破坏娇弱的血管内壁。血脑屏障的存在，阻碍了基本营养的输送和大脑垃圾物质的清理，使老年大脑日益低效。

除了葡萄糖之外，大脑的另一种重要能源是氧气。如果氧气的运输被阻碍或损坏，神经元就会遭到损害，乃至死亡。稳定的大脑血液供应非常重要，以至于大脑专门有一套叫作脑血管自动调节的机制，即使在血压不断变化的情况下，也能确保血流的始终平稳。脑血管自动调节需要改变血管的直径，当血压较低时，收缩血管周围的肌肉，加速血流速度；当血压较高时，放松这些肌肉，减缓血流速度。脑血管自动调节在一根中等大小的血管上发挥作用，确保血压出现急剧变化时，你不会失去意识或者血管爆裂。

给大脑维持平稳的血流供应，需要在脑血管周围的肌肉中运转一套复杂的神经末梢网络。这些神经使用多种神经传递素，通过错综复杂的方式相互平衡，扩张或收缩血管，锻炼能够促进脑血流的健康。

大脑血流最夸张的受损情况就是中风，每年大约有100万美国人中风，构成了美国人的第三大死因。美国东南部分被称为中风地带，而非洲裔美国人的中风发病率比白人高80%。中风有两种主要类型：缺血性中风和出血性中风。缺血性中风是由于血管的突然阻塞，导致阻塞点下游的区域缺乏血液、营养和氧气供应。出血性中风时，血管像大坝溃堤一样爆裂，血液淹没了爆裂点周围的区域，这条血管本该通往的大脑区域也就失去了血液和营养供应，大部分中风都是缺血性中风。在出现严重缺血性中风之前，很多人都会出现一次或多次“小中风”，也叫“短暂性脑缺血发作”，它会出现一些暂时性症状，比如视线模糊、身体虚弱、头晕目眩、失去知觉等。不论是出血性中风还是缺血性中风，抑或是小中风，神经元只要缺氧几分钟就会死亡。

根据心血管健康研究，三分之一的老人有他们自己和医生都没有留意的中风损伤，这意味着上百万美国人的大脑受到了类似中风的损伤，影响了他们的认知能力和情绪。

除了中风之外，还有很多事物能够扰乱大脑的血液供应，它们被统称为“脑血管疾病”，包括血管发炎或硬化，血压过高或过低。很多因素可能都与脑血管疾病有关系，包括有害胆固醇、动脉粥状硬化、血小板，还有紧张过度，它会提高皮质醇等紧张激素的水平。

高血压是一个重要的大脑健康的危险信号，是脑血管疾病最常见的诱因。高血压是一个沉默杀手，因为它会提高中风或心脏病的风险。即使短暂的中风和心脏病发作，也会导致大脑损伤，造成认知缺陷。

因为高血压有多重破坏效果，所以医生在为你检查身体之前，会先让护士给你量血压。血压有两个指标：一个是心脏泵出血液时的压力数值，叫作收缩压；另一个是两次心跳之间的压力数值，叫作舒张压。血压指数的写法是收缩压/舒张压，比如120/80，这被认为是最健康的血压，血压指数超过140/90就代表高血压，低于这个数值的都可以认为是正常的。

锻炼究竟是如何磨砺大脑的

在我最初学习神经心理学的时候，教科书上说，我们的神经元是与生俱来的，出生以后就不会再有增加。那时候的教条认为，我们每天都会损失大约10000个神经元。如果你喝杯啤酒或者发烧的话，还能再多损失10000个神经元，这些说法都是错误的。

尽管人在变老时，因为海马体、背外侧前额皮质等大脑关键区域会出现萎缩，大脑确实会出现收缩，但是这些区域中也可以生长出新的神经元。如我们在上文所述，发现人能长出新的神经元，也就是神经生成，是神经科学中最具革命性的事件之一。与激活神经生成有关的一个主要因素就是有氧运动，它能刺激脑源性神经营养素的分泌，这种神奇因子具有很多功能，包括以下几项：

- 巩固神经元之间的连接，帮助神经元相互刺激、相互连接。
- 促进髓鞘的生长，使神经元之间的刺激更加有效。
- 作用于海马体中的干细胞，让它们成长为新的神经元。

发现海马体和前额皮质中的神经生长现象是革命性的，它给关心老年大脑的人们带来了很多新消息。尽管人在变老的时候，海马体和前额皮质都有一定程度的萎缩趋势，但是锻炼能够在最大程度上减缓这种退化过程，甚至将其逆转。关心自己大脑寿命和这两个大脑区域的人们，应该经常利用这种自我提高的活力源泉。

换句话说，锻炼不仅能阻止自然衰老过程，还能让一个老年大脑有关注意力和记忆力的区域更加年轻。一项研究发现，每周快走3个小时，就足以在额叶、胼胝体、海马体等大脑关键区域激发神经生长。因为这项研究的调查对象都是60～79岁的老人，所以它说明人在晚年也可能出现神经生长。

除了刺激新神经元的生长以外，锻炼还能通过多种方式，打造并保持大脑健康，锻炼给大脑带来的好处包括增加激素、神经传递素、构成脑细胞的蛋白质。例如，在50岁出头的时候，你就不再分泌人类生长激素了，这会加速衰老过程，因为生长激素涉及帮助维持肌肉、力量和耐力的细胞再生。人们已经发现，锻炼能够触发生长激素的分泌，这被称为“锻炼触发生长激素反应”，它有助于减缓衰老过程。

从中等强度的锻炼变为高强度锻炼，比如从慢跑变为跑步，能让你进入有氧运动的范围。你的脑下垂体会释放生长激素，它有助于培育肌肉纤维，燃烧脂肪，增加脑容量。

这很重要，因为生长激素的减少会加速衰老过程。50岁以后，大多数人会停止分泌生长激素，结果就是衰老过程加速，细胞的再生、生长和修复功能丧失。锻炼能逆转这些损失，并有助于生长激素的生成，帮助保持、培育肌肉、力量和耐力。

乙酰胆碱这种神经传递素对记忆和专注很关键，它对大脑和记忆系统来说是不可或缺的。毫不为奇，出现阿尔茨海默病的显著症状之一就是乙酰胆碱水平的急剧下降。因为这种下降，乙酰胆碱是药物治疗阿尔茨海默病的一个作用对象。像安理申等药物，就是用来强化乙酰胆碱活跃程度的。

锻炼和饮食都能够促进乙酰胆碱的健康水平，因为你的思维、大脑和身体是相互关联的，神经元把它们的作用范围从大脑延伸到了肌肉中的一种特殊结构，叫作神经肌肉接头，在那里，神经系统使用乙酰胆碱与肌肉进行通信。圣路易斯州华盛顿大学的杰夫·李奇曼教授的一项研究表明，肌肉纤维含有特殊蛋白质组成的骨架，把乙酰胆碱受体固定在合适的位置。神经信号的丢失是因为身体不活动，分解了这种骨架，导致了乙酰胆碱受体的丢失。定期锻炼能激活肌肉，使这些骨架的抓力更强，捕获所有经过附近的受体。不运动会分解乙酰胆碱受体，肌肉活动（锻炼）也能够在突触中重建这些受体。因此，锻炼能够强化乙酰胆碱活性，这是记忆系统的一个关键部分。肌肉纤维、乙酰胆碱和记忆之间的相互关系，就像人们在接受按摩过程中与按摩师的交流一样。尽管人们经常称之为肌肉记忆，但这并不是我们肌肉中的记忆，而是反映了一套广义的记忆系统，关系到思维—身体—大脑之间的相互依存。

加州大学的研究人员评估了5000名65岁以上妇女的体检数据，研究显示，锻炼能通过多种方式强化记忆，包括增加大脑的富氧血液和葡萄糖供应，帮助构建新的毛细血管，给神经元输送更多血液，增强多种有关记忆的神经传递素，强化神经元之间的连接，并帮助促进新神经元的生成。所有这些因素不仅提升了记忆系统，还改善了注意力、警惕性和认知能力。

人们不锻炼的一个常用借口是他们太累了，心理学家早就知道，人们在下午4点钟前后抱怨身体劳累、思维模糊最多，因此，人们通常在下午喝杯咖啡、吃几块糖来补充能量，但是，这两者提供的都是虚假的能量，而在傍晚快走10分钟，能给你带来90分钟真正的能量。多巴胺、去甲肾上腺素、血清素等神经传递素的增多，将给你提供一些化学物质，不仅能提升你的能量，还能让你在接下来的一天时间里保持冷静、专注。我酷爱浓咖啡，但在下午我会忍住咖啡的诱惑，代以10分钟的跑步或散步。在我的鼓励下，我的助手每天也和我做同样的事情，这不占用她的休息时间，而是作为提神之举，是日常工作的一部分。

锻炼能够带来更多能量，这听起来有点违反直觉，但实践这种想法会得到超出你想象的效果。再次感谢身体构造的奇迹，你每天把它累得筋疲力尽，轻微地撕裂肌肉纤维反而能让它们更加强壮。你的大脑也有一套机制，能让你得到比以往更强的能力。

幸运的是，为了应对身体压力，锻炼能够激发人体的恢复机制，这不但能让你恢复精力，还能强壮整个身体，包括大脑在内。锻炼激活强大的恢复因子，包括类胰岛素生长因子、血管内壁生长因子、纤维原细胞生长因子。

这样列举看起来或许不太直观，那就让我们逐个来介绍它们，弄清为什么它们对大脑健康很重要。类胰岛素生长因子是一种蛋白质，主要由肝脏和脑下垂体分泌，随着年龄增长，它的分泌量会逐渐减少。它参与细胞生长，阻止细胞死亡，强化记忆和情绪。在大脑中，它涉及神经生长、髓鞘形成、神经可塑性、树突分叉和神经保护。注意，如果你用谷歌搜索“类胰岛素生长因子”，就会发现很多公司在推销他们的药品，号称能够帮你塑造肌肉或者减缓衰老，但他们没有告诉你，过量的类胰岛素生长因子与多种癌症有关，这也是为什么要对这类补药高度警惕的另一个原因。

在你绷紧肌肉的时候，肌肉也能分泌类胰岛素生长因子，然后通过血液将其输送到大脑。在锻炼过程中，需要给细胞补给能量，增加胰岛素受体。葡萄糖是大脑的主要能量来源，类胰岛素生长因子和胰岛素协作向大脑细胞输送葡萄糖，并控制你的葡萄糖水平。它还像是你身体里生化大军的指挥官，可以发布命令提高几种神经化学物质的产量，包括脑源性神经营养素。在锻炼过程中，脑源性营养因子和类胰岛素生长因子都会激发神经元，产生更多的神经传递素，比如血清素和谷氨酸酯。

锻炼有助于构建、强化给你的细胞输送能源的血管，这些细胞是健康大脑的关键。血管内壁生长因子有助于构建新的毛细血管，健康的血流供应是大脑长寿的关键。人们认为，血管内壁生长因子能够改变血脑屏障的渗透性，使其他生长因子能在锻炼期间进入大脑，这对神经形成至关重要。锻炼能够为冠状动脉疾病患者储存血管内壁生长因子，有助于他们构建新的血管（毛细血管），为新细胞提供支撑。

意大利比萨大学的一项研究表明，63岁老人经常进行有氧运动，能够保护他们的血管，保持血管的舒张。尽管随着年龄增长，负责血管利用一氧化二氮功能的自然系统也会衰老，但是锻炼能够把它们维护得始终和27岁时一样健康。

一氧化二氮是一种潜藏的抗动脉粥状硬化因素，它能够舒张血管，抑制血小板聚集，促进光滑肌细胞增殖，辅助白细胞黏着到血管中的内壁细胞上。如果缺少促使肌肉血管收缩的锻炼，就会导致一氧化二氮匮乏，血管内壁功能就会出现紊乱。

事实上，锻炼能够通过多种方式促进通往大脑的健康血流，包括以下几种：

- 减少有害胆固醇，增加有益胆固醇，后者能防止血管僵硬、变细；
- 降低血压；
- 使心跳更加高效；
- 提升身体对葡萄糖的敏感度，减少糖尿病风险；
- 减少血液中产生血块的血纤蛋白原，从而减少中风的风险；
- 减缓与年龄有关的血管利用一氧化二氮的能力衰退，防止血液凝结，保持血管健康；
- 更好地控制炎症。

锻炼还能促进纤维原细胞生长因子的分泌，它有助于身体组织的生长。它对神经元的生长很重要，它和脑源性神经营养素协作，把干细胞转化为新的神经元，并关系到神经可塑性。在我们变老的时候，纤维原细胞生长因子的分泌变得愈加重要。杜克大学的研究人员发现，在中年以后，它和另外两种关键生长因子——类胰岛素生长因子和血管内壁生长因子的水平就会开始下降。这些生长因子是由神经胶质细胞分泌的，特别是星形胶质细胞，它们是让干细胞产生新神经元的关键。星形胶质细胞能分泌纤维原细胞生长因子，但它的数量会随着年龄增长而减少。这些研究发现，揭示了海马体齿状回区域中新神经元产量不断减少的机理。所有这三种生长因子——纤维原细胞生长因子、类胰岛素生长因子、血管内壁生长因子，都会在锻炼中增加，同时得到提升的还有脑源性神经营养素。

在锻炼过程中，细胞的能量工厂（线粒体）中会发生氧化应激反应，把葡萄糖转化为三磷酸腺苷形式的能量，后者是细胞燃烧的主要能源。这个能量转化过程会产生一些叫作自由基的垃圾，自由基是带有离群电子的分子，它在细胞周围冲撞，会破坏细胞结构。

如果葡萄糖不能进入细胞，或者因为耗尽了储备，细胞不能生产足够的三磷酸腺苷时，就会出现代谢应激。最后，一种神经传递素——谷氨酸酯会随着锻炼的能量需求而增加，如果三磷酸腺苷水平跟不上谷氨酸酯的过度活跃，就会出现兴奋中毒应激。过量的谷氨酸酯会产生兴奋性中毒，破坏细胞。

在最佳情况下，一种刺激（锻炼）反复刺激，能降低下一次运输葡萄糖所需的谷氨酸酯数量。门限降低会强化最初由适量运动建立起来的联系，这种联系是通过一种叫作“门冬氨酸”的谷氨酸酯受体产生的。不过，长期紧张会过度刺激门冬氨酸受体，引发一种破坏性过程，让太多的钙进入细胞，产生自由基。兴奋性中毒，正如其名，会杀死大量细胞。你大脑中的谷氨酸酯过多的一个例子，是在吃了含谷氨酸钠（味精）太多的食品后出现严重头疼，味精过度刺激门冬氨酸受体，引发了兴奋性中毒。

这些修复因子还能把紧张激素皮质醇维持在合理水平，防止长期心理紧张带来的破坏效果。高水平的皮质醇对海马体有损伤作用，会导致它的萎缩。因为海马体是放置新记忆的关键，长期高度紧张会导致记忆缺陷。锻炼是燃烧过多皮质醇的最佳方式，有助于提升γ-氨酪酸、乙酰胆碱、血清素、多巴胺、去甲肾上腺素等神经传递素的水平，从而让你保持冷静、积极和精力充沛。

锻炼还能激发多种基因转录过程，有益于健康、长寿和大脑免疫功能。锻炼刺激的转录过程有助于神经可塑性，包括刺激脑源性神经营养素和血管内壁生长因子的分泌。当你在锻炼泵出血液的时候，脑源性神经营养素就会被存储在突触附近的储备池中。所有运动都会刺激产生更多的脑源性神经营养素受体，这能促进海马体的神经生成，强化记忆，它能帮助干细胞分裂并分化为新的神经元和胶质细胞。在我们年老的时候，这些强化就很重要，因为人到晚年，大脑中最开始萎缩的一个区域就是海马体。而且，在锻炼过程中，类胰岛素生长因子、血管内壁生长因子、纤维原细胞生长因子都会冲过血脑屏障，和脑源性神经营养素协作，促进提高记忆的分子反应过程。

有氧运动磨砺大脑的这些好处在很多研究中都得到了证实，例如，在美国四所大学联合进行的一项研究中，把120名50～77岁非痴呆症患者随机分为两组，一组每周锻炼三次，每次绕圈散步40分钟，另一组则进行伸展和协调运动。在项目开始、六个月后、一年以后，对两组里的每个人进行了空间记忆测试和核磁共振成像检查。有氧运动组的海马体体积增加了2%，而另一组只做伸展和协调运动的人们，海马体体积缩小了1.4%，这和正常衰老的情况是一样的，空间记忆测试的结果和海马体的体积变化也是一致的。因此，那些参加有氧运动的人，能够改善他们的记忆。

在伊利诺伊大学和厄巴纳大学的一项联合研究中，124名之前不爱活动的人接受了有氧运动培训，他们的年龄都在60～79岁，一组只做非有氧的伸展和协调运动，一组什么都不做，另一组每周三次，每次做一小时有氧运动。核磁共振图像又一次证明，只有有氧运动组的大脑结构出现了变化，其额叶灰质和胼胝体白质出现了明显增加，胼胝体是联系两个大脑半球的神经纤维束。这种增加非常显著，因为胼胝体一般会随人变老而衰退，表现为两个大脑半球之间通信的迟缓和思维迟钝，因此，锻炼能够加速两个大脑半球之间的通信，从而加速思维。

信息处理速度是流体智力的一个特征，如我们之前所述，流体智力（与处理速度有关的智力）一般会随年龄衰退，而晶体智力（与经验、信息相关的智力）则会保持相对完整。经常参加有氧运动的老年人，会表现出较好的流体智力。

马斯特里赫特老年研究中心发现，24～76岁经常参加有氧运动的人，认知速度更快。类似的，得克萨斯大学的研究人员发现，经常参加有氧运动的老年女性，做出复杂反应的速度更快，而英国6979名经常散步的人（年龄介于18～94岁，既有男性也有女性），他们的复杂反应速度也都更快。

长期锻炼能发挥一种保护作用，预防痴呆症的临床症状。每周锻炼三次以上的老年人，健康状况更好，认知衰退的风险更小，晚年出现痴呆症症状的时间更晚。

索尔克研究所的卡萝莉·巴洛曾提出，锻炼能够挽救大脑细胞，不然它们就会因为衰老带来的氧化应激作用而死亡。这些发现认为，锻炼推迟了一些神经衰退疾病的发生和发展，甚至连那些已经患有痴呆症的人也能从锻炼中受益。孟菲斯市圣裘德儿童医院的一项研究发现，帕金森病患者锻炼两个月，就能看出效果。帕金森病的主要损伤因素是脑干黑质中的神经元缺乏多巴胺，两个月的锻炼能够增加神经元，而且锻炼量越大，好处越大。

对2000—2001年18项研究结果进行的一项分析报告表明，锻炼能够提高55～80岁健康人群的认知能力。要想达到这样的效果，每周至少要进行三次有氧运动，每次至少30～60分钟。

根据来自5000名65岁以上老人的锻炼和健康数据，那些定期锻炼的人，丧失认知能力或者出现痴呆症的可能性更小。加拿大魁北克省圣佛依市拉瓦尔大学一项为期5年的研究表明，一个人锻炼越多，保护神经的效果越大，特别是女性。大量锻炼的人每周至少剧烈运动3次，相比之下，不爱活动的人出现阿尔茨海默病的概率是他们的两倍。

在中国台湾的一项研究中，咨询了416000人的锻炼习惯，结果发现，与从不锻炼的人相比，每周锻炼15分钟能够把死亡率降低14%，将寿命延长3年。每多锻炼15分钟，死亡率就会再降低4%。

总体来说，大量的研究证据表明锻炼能帮你磨砺大脑，它是一味绝佳良药，也就是说，缺乏锻炼等于毒药。

用最短时间、最廉价方式激活大脑

你或许坚信锻炼有利于身体健康，但你还需要同样坚定地去行动。太多的人习惯拖延，好像它是待做的家务，只有方便时候才会去做。必须将锻炼当作生活中的固定部分，只有这样才能改善你的大脑健康，磨砺你的大脑，推迟痴呆症的侵蚀。

有些在年轻时代没有养成定期锻炼习惯的老年人问我："我错过了

那次机会，现在会不会太晚了？”“我怎样才能追回失去的这么多年？我是不是应该加倍锻炼？”事实上，什么时候开始都不算晚，只是开始得越早，对大脑的好处越大。最初要循序渐进，先培养体力，每一点体力的增加都是有好处的。哪怕每天10分钟的有氧运动，也能给你带来90分钟的精力，提供更好的注意力，燃烧掉多余的紧张激素，比如皮质醇。在过去几年里，我已经养成习惯，每天在办公室后面的小路上跑步或散步。有时候，我只有10分钟时间锻炼，提高我的心率，刺激γ-氨酪酸、多巴胺、去甲肾上腺素的释放，好让我在会见下一个患者前感到放松、积极、精力充沛。锻炼帮我烧尽一天积累的所有多余神经化学物质，这样我就总能处理好它们。

美国疾病控制与预防中心和美国运动医学院建议，在大多数日子里，每天要进行30分钟或者更多的中等强度锻炼，最好是天天锻炼。这种锻炼可以分布在一天的不同时间里，每次10分钟就可以，合适的锻炼项目包括快走、跳舞、慢跑、游泳、骑自行车等。根据美国医学院的说法，如果你想要减肥或保持身材的话，每天应该进行60分钟中等强度的锻炼。

每周锻炼3次以上是美国运动医学院的建议。每次有氧运动30分钟以上，其中可以选择多种运动，包括快走、骑自行车和跑步，很多人称之为公共健康处方。一项研究对比每周锻炼3次和5次的情况，在缓解抑郁方面没有发现明显区别。类似的，世界健康组织的健康指导也建议，成年人应该在多数日子里每天运动30分钟以上，可以是快走、水上增氧健身操或者骑自行车。

很多人，包括我自己在内，在工作日把30分钟的锻炼分解为10分钟的小段，分布在全天的不同时间进行。因为我每次锻炼的时间都很短，所以至少花一半时间来跑步，提高我的心率。和很多人一样，我发现小块时间比大块时间好找得多，关键是要提高心率，达到出汗的效果。

健康是衡量一个人的身体能做什么的指标，通过锻炼促进健康有两种形式：有氧运动和无氧运动。有氧运动需要调动大块肌肉持续费力，比如慢跑、骑自行车、游泳、徒步旅行、快走等。重点在于费力——要把你的心率提得足够高，让你感到气喘吁吁、出汗、身体劳累。

很多医生使用的一项有氧运动重要指标叫作最大氧气使用量。运动生理学家让你在跑步机上慢跑，堵住你的鼻孔，让你通过一根软管用嘴呼吸，软管连接到电脑上，就可以计算出你的最大氧气使用量。有时候，电脑会提示你已经达到了你的最大氧气使用量。这项指数越高，你的心肺功能体质就越好，以后死于心脏病的可能性就越低。

有氧运动也经常指那些用来快速爆发能量的力量训练，具体锻炼形式包括举重、引体向上、俯卧撑等。这些运动之所以是有氧运动，原因在于它需要超出我们燃烧氧气获得能量的能力，这时候身体就开始制造乳酸。如果你过量运动，肌肉开始酸痛时，就是达到了这个平衡点。变老的时候，我们需要继续参与有氧运动，保持我们的肌肉精壮有力。

在伊利诺伊大学，亚瑟·克拉默招募了124名60～75岁的久坐人员，并将他们分为两组。一般人参加协调和伸展运动，也就是无氧运动，另一半人进行快走，也就是有氧运动，快走的时间逐渐从45分钟增加到了60分钟。6个月以后，快走组不但心肺功能更好，认知速度也有25%的提升，而无氧运动组在这两方面没有任何改善。

每天安排30分钟有氧运动是最好的，但要记住：锻炼10分钟就能提升60～120分钟的精力，此外，你的情绪也会得到改善，你在一天的其他时间里，同样会感觉良好。

你可能无限制地拖延锻炼，或者和很多人一样拿忙碌当借口。专门安排时间锻炼是摆脱拖延的好方法，你会安排吃饭、睡觉、洗澡的时间，那么为什么不能安排锻炼呢？不要觉得这事情有空做做就好，要给它创造时间！锻炼是你未来健康的基础，是大脑长寿法则的关键部分。

根据哈佛大学公共健康学院李爱民的说法，与不活动的人相比，每天进行15分钟中等强度锻炼的人，出现心脏病的比例要低14%。很多医疗工作者建议人们每天至少走10000步，把这当成一种处方。当然，每天数那么多步是不现实的，你可以买一个计步器来用。一项对29项研究的总结指出，有氧运动能给心理健康带来持久性的好处，包括注意力、记忆力、思维速度等。

激发锻炼动力

因为我们有时候会缺乏难以开始锻炼并坚持到底的动力，不妨记住这些提醒自己坚持锻炼的小建议。美国心理协会从他们的研究对象身上，总结出了以下几条建议：

- **锻炼要有针对性。**威斯康星—麦迪逊大学研究锻炼的威廉·摩根博士将这一条归纳为“目标因素”，给你的锻炼附加目标。把锻炼和一些有意义的活动联系起来，比如遛狗、骑车上班、垒石墙等，你就不是在进行跑步、跑步机等“毫无意义”的活动，这样就能避免“没有时间”的借口。
- **认知技巧要使用。**加州大学研究锻炼的罗伯特·塞耶博士建议从小事做起，循序渐进。最开始要把目标定得小一点，比如说“我只是出去走几分钟”，这样你就总会想要走更多。另一个非常有用的认知技巧就是提醒自己，10分钟的散步给你带来的能量比一块糖还要多。

◆ **锻炼任务要固定。**教堂山北卡罗来纳大学的约翰·席尔瓦教授建议，你应该在每天安排一块专门时间用来锻炼，在正常日程中安排锻炼时间，你就不太容易觉得没有时间了。

◆ **锻炼计划要灵活。**孟菲斯大学心理系主任建议，如果你只有5分钟时间，不妨快走一会儿。如果你后来又有10分钟或者15分钟空闲，也要充分利用这些时间，总之，执行计划要灵活。

◆ **锻炼活动要有趣。**美国心理协会47分部（锻炼与运动）主席凯特·海斯博士建议，不论你选择哪种锻炼方式，都要让它招你喜欢，这样你才会更多地参与。

◆ **锻炼身体要有伴。**和他人一起进行锻炼会更加有趣，如果和别人有约定的锻炼时间，你就有机会去和别人联系，也更有动力去锻炼。想想看，就算你现在很累，每次也要坚持让自己进步一点点，强化力量和耐力。如果你和别人一起散步，可以做这样的谈话测验：尽量走快，直到难以在快走的同时说话。

◆ **锻炼身体胜吃药。**想到每一次锻炼都应该使你心跳加重，呼吸加速，还要出汗。每当在傍晚想要喝咖啡的时候，不妨对自己说："散散步，可以给我更多能量。"

◆ **着眼目标要长远。**告诉自己，锻炼的效果是逐渐累积的，到后来就能看到，坚持每天锻炼才能起到积累作用。

在一个充满刺激的新奇环境中锻炼是非常有效的方式，因为受到新事物的激发，参与新知识的学习，它能够在海马体的齿状回中培育新的神经元，激发神经生成。因此，一边锻炼身体，一边学习工作，是刺激神经生成的高效组合。锻炼有助于制造新的干细胞，而学习能延长它们的存活时间。

学习的时间很重要，最好不要在跑步机上跑步的时候学东西。有氧运动30分钟以后，血液就会离开前额皮质，去帮助你应付身体上的挑战。因为前额皮质是大脑的执行控制中心，你需要它来集中注意力。等运动结束，血液会回到你的前额叶，这时候你的专注和学习能力就会得到提升。

自愿锻炼并非你出于习惯的无心之举，它是你为了大脑健康而做出的决定，是因为缺少紧张加上θ波的效果，θ波是你密切关注某个事物时产生的大脑波，在你吃喝东西或者处于自动导航模式的时候，是不会产生θ波的。因为你的前额叶负责做决策，激活它们是神经生成的一个关键部分。最终情况是只有把脑力全部投入其中，才能收获锻炼的全部好处。记住，要想强化记忆和认知能力，光靠锻炼是维持不了新的神经元的，不然的话，所有运动员都会变成聪明人。你既需要思维锻炼，也需要身体锻炼，两者相加才能激发并维持新的神经元，磨砺你的大脑。

快走是最简单、最廉价的锻炼方式，因为你不需要去健身房，在任何时间、在大多数地方都可以进行。散步对大脑很有益，因为它能促进血液循环，为大脑送去充分的氧气和葡萄糖，这两者是大脑功能健康的关键。它比慢跑要轻松，因为你的腿部肌肉不必消耗额外的氧气和葡萄糖。

散步是一种理想的锻炼方式，你可以改变散步速度，来实现不同程度的心脏锻炼，进而强化大脑。哪怕是不能锻炼心脏的慢速散步，对你的大脑也有好处。有句俗话叫“多散步、清大脑”，是很有道理的，因为放松散步不会把血液、氧气和葡萄糖分流到腿部肌肉中去，散步是给大脑增加供氧的一种绝佳方式。

加州旧金山大学的研究人员让6000人每周进行不同强度的散步，测量他们的认知能力和相关大脑功能，发现这些人的记忆力都得到了改善。平均每周多走一英里，认知衰退的概率就会降低13%。那些运动较多的人，认知衰退最为轻微，只有14%。

快走能够提供其他锻炼形式所能带来的所有好处，例如，杜克大学医学中心的一项研究表明，散步能改善学习能力、专注力和抽象推理能力。此外，每天散步20分钟以上，还能降低抑郁，并把中风的风险降低57%。

强化锻炼效果的一个方法是使用日志或日记的方式详细记录你散步的距离和速度，把你的锻炼成果具体化。一个锻炼项目可以从想象锻炼开始，想象锻炼和真正参与锻炼都能激活同样的神经系统。换句话说，简单的想象锻炼就能起到锻炼的部分效果，加速某些神经系统。有人把在思维中锻炼身体的效果和真正的锻炼身体进行了对比，通过使用经颅磁刺激观察大脑皮层活动和随后的体能表现，研究人员发现想象运动不仅能导致大脑中的改变，还能改善身体表现，因为想象运动和锻炼身体所刺激的是同一块大脑区域。甚至在想象运动5天之后，身体表现依然有改善。特别要指出的是，在想象运动5天之后，进行两个小时的锻炼，和连续锻炼5天的改善效果相当。

这些发现和运动心理学中的观点是一致的，观看或在脑子里想象运动细节，有助于提升场上发挥。不论是在脑子里想象一次棒球本垒打，还是一次网球扣杀，想象运动都能改善身体表现。

尽管你可能发现，想象做一件事的速度越快，你做这件事的速度就越快，想象对实际能力是有限制作用的。例如，如果你是右撇子，你就会更擅长想象活动你的右手，而不是左手。如果你出现中风，就会出现这种限制，一侧身体的功能就会被弱化。在你的思维想象中，没有受到影响的另一侧，还是和实际活动能力一样好，因为你在使用同一套大脑系统想象和实践。

想象和计划之后，必须实际参与锻炼。大部分人发现，先从一些简单的小运动入手，比较容易打破拖延障碍，关键是你要立即开始行动，在第一步的基础上继续下一步。在你筹划未来的时候，一定要确保适量锻炼，如果有可能，还可以进行剧烈锻炼。

锻炼对心理和身体都有很多好处，包括提升自尊心和自信心。在锻炼的时候，你可以享受冥想，享受放松的头脑，它能把你从日常的紧张压力和焦虑中解放出来。如果你和别人一起锻炼，还能同时收获本书讲述的两个健脑因素——社交和锻炼的好处。

即使是简单的任务，也会调动你在神经元之间建立的神经连接，以及大脑的一些区域，这会增加你的认知储备。你可以选择多种练习方式，包括以下几种：

- 提高你的灵巧度。如果你是右撇子，使用左手完成一些简单任务，比如刷牙。
- 在锻炼的时候听音乐。
- 闭着眼睛穿衣服或者洗手。
- 沿新路线开车去上班或购物。
- 去新的商店购物。

为了把锻炼加入你的日常生活，你可以把它们集中于一大块时间，也可以分散在一天中的不同时间，抓住机会多锻炼。给大家一个例子，在我上班的日子里，我不开车，而是步行四分之一英里去医院。到医院以后，我不坐电梯，而是爬七层楼梯，到达楼顶略微潮湿的病房，这时候我总是感觉自己很放松，更加专注。请尝试以下活动。

- 如果你家里有草坪，用一个需要你手推的割草机打理，或者至少去里边散步。
- 利用季节性家务锻炼身体，比如收拢落叶和铲雪。
- 多走楼梯，少乘电梯。
- 打扫车道、阳台和走道。
- 搭乘公共交通工具，步行去车站，提前一两站下车，然后走回家。
- 把跑腿当成一种锻炼。
- 经常把车停在停车场较远的一头，在进商场购物前先绕着走一圈。
- 跳舞。
- 快走遛狗。
- 骑自行车或走路探索周边环境，每次逐渐增加距离。

CHAPTER 5
THE SOCIAL FACTOR

第五章
社交因素：亲朋好友的关爱是大脑的营养剂

在找我就诊之前，迈克尔刚刚经历了一场痛苦的离婚，他不但要处理走到尽头的婚姻，还失去了他与前妻的大部分共同朋友。他们已经结婚35年了，今年64岁的他社交联系很少。他唯一的朋友是萨姆，离婚三年以来，他们总是一起去打棒球。因为他感觉自己被妻子和朋友们抛弃了，于是琢磨出来一句话："不社交，无背叛。"

作为一个电脑工程师，他感觉最舒服的事情就是精确。感情领域的糊涂账最难把握了，尽管他发现自己离婚之后变得迟钝、无聊了，但还是不愿意出门，免得被拒绝，只有这样才有安全感。是的，他上班时候也会在休息室和同事们聊天，但话题总是有关工作。在离婚后最初六个月里，同事们总是在问："你现在觉得怎么样？"他也总是回答说："很好，谢谢，你最近怎么样？"以此来表示他必须尊重传统的社交礼仪。他其实很希望有人能知道妻子那些导致他们离婚的事情对他的伤害有多持久，于是把自己深受创伤的事情告诉了两个同事——吉姆和苏珊，以为他们会告诉其他人。然而似乎谁都不知道，或者不关心，甚至吉姆和苏珊也是如此。

来我这里就诊的时候，他看起来已经有些抑郁了。

“你自己觉得压抑吗？”我在第一次见面的时候问他。

“也许有一点，为什么呢？你想要把我关起来，或者把我怎么样吗？”

“我为什么要那样做？你又没有自杀倾向，对不对？”

他转过头去不再看我，这令我有些担心。

“我永远不会干那样的傻事……”他停顿了很长一段时间才继续说，“但如果我身患绝症死去，我想我也不会感到伤心。”他放声大笑几声，又补充说，“也没有其他任何人会伤心。”

“哦，很遗憾。没有人？没有家人吗？”

“他们都在东海岸过自己的生活。我想他们回来参加我的葬礼，如果我有葬礼的话。我想没人会给我安排葬礼，我的生命就像一座孤岛，上边只有我自己，我现在也不喜欢我的公司。”

“你没有朋友吗？”

“我妻子想把我扫地出门的时候，他们一个个都在袖手旁观。”

他继续讲述他和妻子共同认识的人们，都是如何抛弃了他，倒向了另一边。他说，令人难以接受的嘲弄，是妻子将离婚归咎于他，而且每一个人都随声附和。当我询问，他是否真的问过那些人时，他回答说：“没必要了，这很明显。”

“哦，真的吗？怎么个明显法？”

他摆摆手，然后耸了耸肩，“他们都邀请她去做客吃饭，我得到谁的邀请了？”他黯然地反问道。

“你去拜访他们时情况怎么样？”

“我为什么要去自找没趣？他们知道我住在哪儿。”

随着我们谈话的继续，我逐渐发现，他之前的社交经历多数源于他妻子的努力，她的离开留下了一个真空，而他用愤恨填满了它。他的孤独需要解决，但要做到这一点却有些棘手，他妻子的事情是解决问题的起点。

我觉得他一定很受伤，当我表达对他的同情时，他斜着眼对我说："你们这些家伙就是专门培训来说这些的，是不是？"

"你给别人一个交流的机会很难吗？"

"永远不会再有了。"他悲伤地说，"风险太大了。"

"不冒这个风险，岂不是风险更大？"

"你这是什么意思？"

"你真的不再有被拒绝的感觉了吗？那些同事们可能在担心，如果你告诉他们没事之后，他们再继续追问，你可能就会说'我告诉过你们我很好'！"

"你和他们是一伙的？"他问道，开始在椅子上坐不住了，似乎随时准备逃跑。

"一伙？如果有伙的话，我肯定也是和你一伙的。"

他看起来缓和了些，这创造了足够的机会，他告诉了我更多有关人际关系的事情，也更认真地听我说话。在第一次会话即将结束时，我问他感觉怎么样。

"我想好一点了，起码我说出了一些心里话，而且没有遭受责备。"

"如果你还想来，我还在这里。"

他点头同意，有几分歉意地说："约个时间吧。"

"找个你认为合适的时候，邀请几个人一起喝咖啡或者吃个饭吧。"

"怎么，还要问他们？"

"可能自从你粗暴地告诉他们你很好之后，你就闭门不出了。"

在第二次见面的时候，我们谈起他这次邀请球友萨姆和吉姆一起出来吃饭的经历。他说，当他告诉他们他依然因为离婚的事伤心困扰时，他们立即表示了对他的支持，这令他感到惊讶。

我知道他很尊重科学，于是告诉他，社会交际能振作大脑中的一些重要区域。如果它们得不到刺激，就会开始萎缩，一个人就终将变得情绪抑郁，思维迟钝。与抑郁相比较，他似乎更在乎思维迟钝。我们谈论了交流是如何给大脑造成挑战，导致大脑构建大量回路应对复杂的社交领域，从而延长大脑寿命的。我告诉他，社交联系过少的人，比社交网强大的人出现痴呆症症状更早，换句话说，在老年保持积极的社交生活有助于保持大脑聪明。另外一条引起他注意的信息是，孤独感与端粒的分解有关，我们之前讲到过这个，端粒是染色体的两头，端粒的缩短会加速衰老。

没有人是孤岛，这是指健康人，这是迈克尔发现的。我们是社交生物，需要积极的人际关系来振作，迈克尔曾经依靠他妻子和她的社交联系来获得自己所需的社交滋养。在接下来的几个月里，治疗对他最大的改变，就是从一个消极接受零散社会交际的人，变成了一个积极参与、为自己构建健康社交圈的人。有些讽刺意味的是，他只有失去了婚姻，经历了孤独的痛苦之后，才学会自己必须在接受的同时付出，然后才能享受人际交往带来的所有好处。

社交因素调查问卷

阅读下列问题，在相应答案上画钩。

问　题	是	否
你是否感觉别人带来的麻烦比价值更多？		
你是否发现，自己近年来更多地把自己与他人隔离起来了？		
你是否总是等待别人联系你，却很少主动联系别人？		

续表

问 题	是	否
你是否发现，在你的人际交往中，你总是付出者，却总也得不到关心？		
在你的人际交往中，你是否发现自己认为别人心中只关注他们自己的利益？		
你是否感到孤独？		
你是否羞于参加社交聚会，认为同时和那么多人在一起太复杂，或者太烦人？		
通常情况下，你在人际交往中是不是被动者？		
你是否认为自己拙于社交，不擅长学习培养、维护人际关系？换言之，干吗还要去尝试呢？		
你是否会因为人际关系变坏或者失去爱人而伤心，因为害怕再次失去，而不敢再去试着信任他人？		

如果你对上述问题有任何肯定的回答，那就有理由担心，你正在远离社交因素的好处，让你的社交大脑网络陷入饥饿状态，限制了人际交往所能带来的好处。

■ 孤独的危害比抽烟还要严重

到达退休年限之后，罗布以为他的社交联系会逐渐减少，他甚至想要推迟退休，因为他担心自己会无所事事。他是我们部门的一位心理医生，人们认为他应该已经做好了心理准备，来接受这次转变。一天吃午饭的时候，他说："我真的打算退休了，可我的准备也不是很充分。"确实，他在退休后的最初几周里，还是经常来单位附近和同事们一起喝咖啡、吃午饭。尽管每个人看似都很高兴见到他，但很明显，大家看到他难以在工作之外建立新生活，都替他感到难过。

大约在他退休一个月以后，我在吃午饭时问他："你自己计划做些什么呢？"

他耸了耸肩说："嗯，约翰，我猜我应该回答说'我一直想要做的每一件事'。"

"难道不是这样吗？"

他把忧愁的目光从我身上移开，"我不知道该从何下手。"

"如果有患者这样对你说，你会怎样回答呢？"

"哈！这太讽刺了。在工作中，我们花费了所有时间与人交流，所以下班后，远离人群进行反思是很好的，现在我一直在反思。你以前写作演讲的都是些什么内容来着，社交大脑网络？"

"你看起来似乎很难受。"

"是的，不过我可不喜欢这种痛苦。"他苦笑着说。

"那么如果患者出现类似的情况，你会对他说些什么？"

他笑着点点头，说："不错，我猜我会说'循序渐进'。我妻子有她的朋友圈，她似乎不喜欢我这样在家里无所事事地走来走去，所以我才来找你们这些家伙，一起喝咖啡、吃午饭。"

"只有这一个原因吗？"

"嗨，我说出来请不要生气，"他一边说，脸上露出一丝狡诈的表情，停下来思索了一会儿，然后说，"我想我能去给那些非营利组织当义务顾问。"

"这么多年来你一直在支持他们，现在终于可以参加他们的伟大事业做贡献了。"

"嗯……不过万一他们没兴趣呢？"他看起来很发愁。

"那好，现在预算大幅削减，你觉得他们会拒绝免费帮助，再花钱去请教另一个心理学家吗？"

“有可能啊。”

“但是就像你以前对患者说的一样，你不试一试，怎么知道不行呢，对不对？另外，你试一试又不会损失什么。”

之后一次我和罗布共进午餐的时候，是他主动聊起来，说一个人可以在退休之后做很多事。

要正确看待社交因素的力量，不妨想一想，在人类进化史的大部分时间里，我们人类处于一种狩猎—采集的生活方式。我们的祖先之所以能够繁衍壮大，是因为他们维持了强大的情感和社会纽带。他们需要相互帮助，才能保证安全，获取食物，相反，如果一个个体被群体排斥出去了，他的命运就只有死亡。一个人独自在大草原上游荡，意味着没有其他部落成员帮助他，保护他不受食肉动物的攻击，或者享受集体采集和狩猎的好处。

因为我们是高度社会化的物种，并通过我们的沟通交流能力繁衍壮大，所以当我们拥有健康的人际关系时，就会感到舒服。然而，如果我们被剥夺了健康的人际关系，处于孤独的境地，出现健康问题的风险就会大大增加，孤独会从根本上削弱你的健康。为了有一个直观印象，可以进行一个简单的对比：孤独对健康造成的危害比抽烟还要严重，长期孤独对寿命的影响等同于抽烟，孤独的老年人出现痴呆症的概率会翻番。

很多研究表明，随着老年人社交的隔离和孤立，他们出现抑郁症等心理健康问题的风险会急剧提高。例如，波尔图大学的研究人员对1000名65岁以上老人进行了评估，发现他们出现心理问题的最可靠预测就是孤独感。光是不知道邻居的姓名，就会提高出现抑郁症的可能性。类似的，伦敦大学的研究人员对2600名65岁以上老人进行了评估，发现其中15%的人有社交隔离的危险，这和抑郁情绪以及多种健康问题有关。所以难怪社交疗法是治疗抑郁症的一种有效方法，这种疗法本来是用于强化人们与家人朋友之间的关系、建立社交技巧的。

麦克阿瑟基金会一项有关成功走向老年的研究揭示，人际关系中强大的情感支持在提高生活质量的同时，还能提高7.5年的认知功能水平。威斯康星纵向研究表明，哪怕是在面临经济困境时，如果有积极的社会关系，也能让人们重新振作，缓解压力。相反，有些早年经历逆境的人，到后来却更加紧张。当然，人们早就知道社会交际能帮助人们应对压力，缓解焦虑和抑郁。

一些研究发现，孤独与抑郁症之间存在密切关系，例如，芝加哥健康、衰老和社会关系研究中心评估了229人的社会关系，他们的出生时间都分布在1935—1952年。这项研究发现，孤独与抑郁是相关的，而且孤独往往预示着抑郁的加重。孤独感越强烈，自我评估的健康状况就越差。孤独感还与皮质醇水平的上升有关，这是人体的主要紧张激素之一。

孤独者和不孤独者对压力的看法是有所不同的。孤独会削弱人抵抗压力的韧性，这是指一个人应对压力的水平，以及从压力中恢复的能力。与不孤独者相比，孤独者往往会感受到更大的压力、更严重的困难："提升"的潜力更小。孤独感增加了整体的压力负担，使人在衰老的同时，承压韧性更弱。从积极的一面来说，社会交际能够降低心脏收缩压，以及其他一些与年龄相关的健康指标。

甚至还有证据表明，社交还能在基因层面发挥作用。一个叫作"社会基因学"的新兴研究领域使用分子生物工具，衡量人们在社会环境中的经历对其基因的直接影响程度。加州大学洛杉矶分校的史蒂夫·科尔发现，孤独者身上导致炎症的基因更加活跃，抑制炎症的基因却不太活跃。这些研究发现解释了人们长期以来的一种观察结果，在孤独者身上，与炎症相关的疾病发病率更高，比如心血管疾病、神经退行性疾病、痴呆症，以及某些种类的癌症。

在一项研究中，人们试图寻找孤独与炎症之间的内在关系，研究人员发现，孤独者的一些基因被过度表达，这些基因来自免疫细胞进化早期的髓系祖细胞。这些细胞在人体内巡逻，检查受到伤害的组织，而炎症有助于修复这些人体组织。与其相反，从进化的角度来看，能够击退病毒的B淋巴细胞非常年轻，它们有助于我们在社会群体中的生存，能和免疫系统共同击退在人群中传播的病毒。

因为孤独者独身一人的时间更久，而病毒一般都是在社交场合中传播的，所以他们不需要担心病毒，他们的免疫系统更多时候是在击退细菌，而没有做好迎战社交场合中的病毒的准备。人际交往更多的人，抗击病毒的准备更充分。如果你总是在准备应对细菌或病毒当中的一种，就很难调整过来抗击另一种，这就是人之所以能战胜感冒，有时候却会死于肺炎的原因。

■ 无社交，不健康

随着我们逐渐变老，人体免疫系统也会开始失调。它包括两个主要组成部分：细胞免疫，一般是指叫作淋巴细胞的白细胞直接作用于入侵抗原的功能；体液免疫，一般是由产生抗体的白细胞提供的。

当你的身体受到细菌之类外部侵入物的时候，免疫系统的反应是由这两套系统通过复杂的相互作用完成的，每一套系统的作用都包括三个要素，有时候也称作免疫的三位一体。B细胞的来源，是分泌杀死侵入物的抗体的骨骼。T细胞的来源，是位于喉咙下方的胸腺，它们通过直接接触，杀死被侵入物攻击的细胞。佐细胞则负责捕获外部侵入物，将其交给T细胞处理。

在我们变老的时候，负责生产T细胞的胸腺功能会随之下降，对免疫系统造成损伤。衰老引发的T细胞不足，导致某些种类的T细胞比例下降，结果使它们辨别外部侵入物、处理病菌感染的能力下降。某些类型的侵入物，比如病毒，会引发免疫系统的正常反应，但如果这反应速度迟缓、效率低下，它就会花费更长的时间才能从普通感冒或者流感中恢复过来，衰老导致了这种高度有组织的系统的混乱。

补体系统使用一种强大的武器——膜攻击复合物，似乎把它对外部侵入物的攻击发挥到了极致。这种复合物能够在细胞膜上烧出洞来，这样，它就可以让对方纤弱的细胞体门洞大开，使钙离子大量涌入，毒化细胞。补体系统还能使用一种叫作小胶质细胞的胶质细胞（白质），小胶质细胞在大脑中游走，寻找问题。每当它们发现受损的神经元，比如出现斑块和缠结的细胞，就会喷出一氧化二氮，增加自由基。小胶质细胞还能包裹出问题的细胞，将其吞噬。

衰老还会逐渐导致信使分子的不平衡，激发炎症反应的分子会增加，而那些强化免疫功能却会减少。斑块和缠结都显示出了很多炎症迹象，例如，斑块意味着大量的细胞因子、急性期反应物、前列腺素、膜攻击复合物和小胶质细胞，而后者会释放大量的神经毒素。

目前，人们已经挖掘了社会交际与癌症有关基因之间的关系。加州大学洛杉矶分校的史蒂夫·科尔和爱荷华大学的苏珊·鲁特根道夫发现，社会交际少、高度抑郁的女性会打开癌细胞中的220多个基因，而在社会交际相对较多的女性身上并没有发现这种趋势。这并不是说缺乏社会交际会导致癌症，而是指缺乏社会交际会削弱健康身体的生理基础，人们如果缺乏社会交际，可能更容易出现癌症。从这个角度来看，我们可以把社会交际看作一种预防性药物。

社会交际为何对生理和心理健康有如此强大的作用呢？这是因为大脑中有一个网络，需要社会交际才能健壮成长。

■ 大脑中的社交网络如何运转

鉴于我们人类的高度社会化特性，不难理解，在进化过程中，我们大脑中的某些部分对人际关系中的复杂微妙之处异常敏感，时而强化一个关系，时而找到拒绝的理由，这些大脑系统直接影响到我们祖先的生存。

我们的大脑和祖先的是一样的，他们的社交大脑网络依然在我们体内运转。和其他任何物种相比，我们出生时都更不成熟。我们在能够独立生活以前，需要依赖父母的时间远远超过其他任何物种。在长年的童年依赖期，我们从照料者那里吸收了大量的社交影响，塑造了我们成年以后的样子，因此，人类大脑进化出了多种不同程度的交流技能。为了支撑这些复杂而强大的社交技能，与其他任何物种相比，人类大脑在大量区域中都拥有更加密集的社交敏感神经元网络。所有这些神经元网络共同协作，为你提供读懂他人情绪和意图，调节你自己情绪的能力，然后你就能在特定环境的社交背景下采取恰当的行为。

想象一下，如果在人生最初几年里社交滋养非常匮乏，会有什么样的结果。幼年缺乏社交滋养的一个案例是生活在英国、加拿大、美国等地的罗马尼亚孤儿，因为这些国家在过去20年里收养了大量孤儿。1991年独裁者齐奥塞斯库被废黜之后，大约有150000名孤儿在孤儿院里煎熬度日。他们能够得到医疗和喂养，但是社会接触很少，他们会通过拍手或者其他简单的自发行为来进行交流。

心理学家团队发现，哪怕在孩子成为孤儿几个月后就被领养，这种经历也能预示他日后的发展。儿童经历社交匮乏的时间越长，他们在今后生活中受到的伤害越大，出现注意力缺失症、学习障碍、社交技能贫乏等认知问题的概率越高。

一项更加广泛的类似研究，集中对依恋进行了研究。约翰·鲍尔比和玛丽·安斯沃斯以及之后的一整代研究者共同揭示，儿童与其照料者之间的安全型依恋，对心理健康和认知能力发展的作用，要比逃避型、矛盾型和紊乱型依恋好得多。玛丽·安斯沃斯的学生玛丽·美因发现了紊乱型依恋，她最近宣称，成年人依恋模式印证了那些儿童依恋的发现，安全型成年依恋可以通过“获得性安全”来得到。换句话说，像本章开头故事中迈克尔那样的人，可能存在一种所谓的排拒型成年依恋，他只有通过挑战自我，学习更好的社交技能，从根本上重塑大脑，才能感到更多的安全感，最终从社交大脑网络的活跃中受益。

在很多方面，只能通过社会交际磨砺一个人的大脑。人们在交往时，需要大量的智力和情感锻炼，促进社交强化大脑功能的效果。可以这样想：每一次处理每个人际关系，都需要你在不同层次上思考、处理很多不同的情绪和观点。因为某一方用词可能不准确，而双方必须在谈话范畴内进行理解，交谈可能异常复杂。最重要的是，你们双方都必须使用并留意肢体语言、说话音调、谈话背景以及其他很多方面的因素。

参与社交需要集中注意力、做出决策、批判性思维、创造力、同情心，所有这些都会激活你的前额皮质，因此，每一次谈话都需要唤醒你的大脑，阻挡它回归白日梦、冥想、发呆等默认模式网络的倾向。通过启动你的前额皮质，关注与你分享当下的人，你将同时激活大脑的多个部分。

你的社交大脑当中有很多角色，包括以下这些：

- 交感神经系统
- 眶额皮质
- 扁桃核
- 脑岛
- 扣带回
- 镜像神经元
- 梭形细胞
- 面部表情模块

自主神经系统由两个分支组成：交感神经和副交感神经。交感神经能触发“搏斗或逃跑”反应，副交感神经分支则用来平衡交感神经的兴奋性。迷走神经是一个贯穿大脑和胸腔的神经系统，联系着心脏、肺、肠等多个内脏器官，参与调节人体的清醒程度和副交感神经。迷走神经被认为是社交参与系统的一部分，如果你的迷走神经张力较高，参与人际交往的可能性就更大，就能够更好地调节你的情绪。在一起紧张事件之后，你的身体会很快回到基准状态。在形势缓和之后，你的心脏不会一直狂跳，你的肠道也会放松下来。相反，如果你的迷走神经张力较低，你可能难以控制自己的情绪，或者难以长时间与他人共同关注某一事物。你的心跳会狂飙，肠道或许会感到紊乱，呼吸也可能加速。

在一起社交紧张事件之后，这些应对紧张的生理反应还会继续。保持良好的迷走神经张力，能帮助你避免在争吵中反应过度，触发“搏斗或逃跑”反应。学习这些技能可以促进你与他人的关系，这反过来又能强化你的迷走神经张力。

这套多层迷走神经系统能平静心脏和其他内脏，还能放松面部表情，所以当你的心跳加速时，你的面部表情也会反映出同样程度的不舒服，通过这些面部表情，可以揭示一个人体内的状态。

在社交环境中控制情绪的能力非常依赖你的眶额皮质，眶额皮质位于眼眶的正后方，从小到大密切的人际关系能够促进眶额皮质的发育。当那些人际关系处于积极状态时，眶额皮质能够帮助你更好地控制情绪，坚持不断练习，你的眶额皮质就会随着年龄增长更加成熟老练。但是，社交隔离会抑制眶额皮质和其他社交大脑系统，使人调节情绪的能力越来越差。

同理心的重要性

社交大脑尤其是眶额皮质的诸多功能，包括镜鉴一个人自己的行为和自我意识，洞察其他人的思维（这叫作心理理论），调节自己的情绪和行为，以及检测危险和威胁。当你的右侧眶额皮质解读其他人的心理状态时，你的左侧眶额皮质就会推理这些状态。如果你的眶额皮质运转完美，也就是说它持续活跃的话，所有这些社交技能都可以磨砺你的大脑。积极的人际关系能够强化迷走神经系统和眶额皮质神经网络，让你感觉更加良好。

人们发现了两种不同的同理心系统，一种被称为认知同理心，另一种被称为情感同理心。在人际交往中，使用这两种同理心方法跟踪我们对他人情感状态的假设是非常有用的。认知同理心，是指从理性上理解他人的烦恼，但并不需要亲身体会同样的感受。在我们自己的感受和对他人的观察之间，存在一种认知分离，我们并不需要受他们的影响就能理解他们的感受。

认知同理心试图“客观”地理解他人的情感，它是由颞顶叶接合部系统处理的，顾名思义，这是颞叶和顶叶的连接部位。颞顶叶接合部还是很多神经回路的聚合或分岔之处，研究表明，男性的颞顶叶接合部活跃度要高于女性，部位也更大，同时，在涉及自己的情感时，男性的颞顶叶接合部区域会更加活跃，与处理他人的事情相比，这里有一道明显的界限，他们会强化通过认知、分析寻找解决自己问题的方法。

因为颞顶叶接合部和认知同理心有关，涉及对他人情况的感受理解，所以当一个人投入社交活动时，这个部位就会活跃起来。孤独会导致颞顶叶接合部的萎缩，雪上加霜的是，孤独还会造成一种恶性循环，你参加的社交活动越少，就越是恐惧社交，自信心就越差。孤独会导致中脑腹侧被盖区的活跃度降低，减少多巴胺的释放，降低伏隔核感受到的快乐。因为孤独者较少激活社交大脑回路，他们从人际交往中得到的快乐更少，如果总是孤独，他们的大脑将对社交更不敏感。孤独者的颞顶叶接合部比其他人更少活跃，随着颞顶叶接合部萎缩，孤独者更难轻松流畅地与他人交流，因为他们缺乏练习。如果一个孤独者偶然尝试与他人交流，他几乎必然会失败。他会发现，失败更加强化了他拙于社交的念头，甚至让他感觉自己都不应该尝试。让我们再一次记住“用进废退”这个概念，如果不加以使用，想要锻炼颞顶叶接合部是很难的，但你用得越多，它就会变得越健壮、越好用。用进废退的功能在两个方向都会起作用，你锻炼颞顶叶接合部越多，颞顶叶接合部和它的功能就越强大。

你是否曾经惊讶地发现，有时候看到别人打哈欠，你也会跟着打哈欠，看到别人挠头，你也会跟着挠头？为什么在全神贯注地看电影时，每当电影角色遭遇苦难折磨，你似乎感到自己也在经历同样的事情？这些奇怪的现象和另一项关于社交大脑网络的惊人发现有关：一种叫作镜像神经元的神经元，它们最初是由贾科莫·里佐拉蒂发现的，他曾是意大利帕尔马大学一个科研小组的首席科学家，小组成员包括朱塞佩·德·佩莱格里诺、卢西亚诺·法迪加、莱昂纳多·佛格西以及维托里奥·加莱希。这个所谓的“四人组”检测了猕猴大脑中单个神经元的活跃度，在20世纪80年代后期，他们无意中获得了一个惊人发现。当他们其中一人动胳膊时，猴子大脑中的神经元就会出现刺激，控制猴子把胳膊也移动到相同位置。令人感到困惑的是，猴子当时并没有动胳膊，只是在看别人动胳膊。换句话说，这些镜像神经元是在反映别人大脑中的活动。

里佐拉蒂及其同事发现，在他们研究的猴子大脑运动带中有一个区域，也就是神经科学家所说的F5区域，在猴子看到其他猴子运动时就会出现刺激。换言之，猴子大脑中出现刺激的区域，和它自己做运动时的刺激区域是一样的。镜像神经元的活跃，产生了一种对他人运动的"内部运动表象"，从另一个角度来看，这些神经元提供了一种"对他人行为的意义的理解"。

镜像神经元的发现引发了一场研究热潮，人们研究这些神经元的功能、它们在大脑中的位置、它们产生刺激的条件等，结果发现，只有灵长类动物才有这种现象，而人类的镜像神经元比其他任何灵长类动物都多，此外，女性的镜像神经元要多于男性。

研究人员在人类大脑中找到了类似F5区域的模仿神经区域，称之为布洛卡区。因为布洛卡区对发表演讲（说出你想要说的话）很关键，而镜像神经元是学习语言的工具。每一位家长都知道，模仿能够帮助孩子学习语言，这个大脑区域有助于解释这样的学习过程。

情感同理心则是直接体会另一个人感受的能力，甚至当那个人的感受微妙不清的时候，我们也能通过直觉体会他的处境。这种能力需要从他的姿势和表情当中挖掘他的感受，他可能的动作，以及他的意图。

大脑皮层中有一个叫作"脑岛"的区域，其中含有大量的镜像神经元。脑岛是一个重要的融合区域，能够把身体状态和思维状态联系起来，赋予人们产生直觉的能力。脑岛还与扁桃核相连，把他人的情感与我们自己的情感联系起来，当他人做出反映某种情感的表情时，你就会"感受"到这种情感。

镜像神经元甚至能使你不用思考，就能体会到他人的感受，它们是基于大脑解释同理心的一个基础。当你观看由梅丽尔·斯特里普之类巨星出演的电影时，你就会体会到她在影片中面临挑战时的感觉。

镜像神经元分布在大脑的多个区域，包括前额皮质、前扣带回、脑岛和其他区域，它们能促进情感同理心。研究表明，在投入的面对面交流中，女性能比男性更好地运用镜像神经元系统。人们发现，在青年女性的镜像神经元系统中，灰质的含量要比男性多，但在对方出现轻微或中度的消极情绪时，男性能比女性做出更加准确的判断。总体来说，研究表明女性的同理心、人际关系敏感度、情感认知能力比男性更强，或许是因为镜像神经元系统的缘故。

镜像神经元能够帮助人们构建人际关系，并将其巩固发展。同理心和同情心能激活镜像神经元系统，还能带动一个人对自己的怜惜。换句话说，如果感受到了爱，你就更有可能爱自己。此外，同理心和同情心描述了“付出即收获”的格言，这也是基于大脑科学的一条真理。相反，冷漠和自私对你的大脑和心理健康是有害的。你可能说，对别人自私就是对自己自私，这就转到了自私的定义：只为自己攫取会让你失去。相反，同情心和良好的人际关系有益于你的大脑和心理健康。耶稣要求我们“爱你们的邻居”，佛陀说我们应该“慈悲众生”，孔子也教导我们“己所不欲，勿施于人”。

另一种社交敏感型的神经元叫作梭形细胞，它能让人们果断做出合乎礼仪的社交决策。你的梭形细胞赋予你灵活机动的能力，在情绪纠葛的情况下，快速做出解决复杂问题的决策。1881年，康斯坦丁·冯·埃科诺莫在脑岛和扣带回中发现了这种梭形大细胞，这些神经元和大多数神经元不同，它们是圆锥形或梭形的，还有几个分叉，形状细长，比一般的神经元大四倍。

人们在右脑半球发现了大量的梭形细胞，并发现它们能快速高效地把情感和社交信息联系起来。它们看起来确实像纺锤，一头膨大，另一头细长，因为它们又细又长，所以能够高速传递信息。

大象、座头鲸、大猩猩等大型哺乳动物的大脑中都存在梭形细胞，但大象的前脑岛中只有0.8%的梭形细胞，而人类的前脑岛中平均含有1.25%的梭形细胞。它们在人类大脑中很丰富，在其他灵长类动物体内就比较少，在大多数非灵长类动物体内根本就不存在。人类大脑中的梭形细胞数量，比我们最近亲的猿类也要多一千倍。

梭形细胞用来执行功能的神经网络在前扣带回和前脑岛之间建立了长长的轴突连接，这些神经网络使我们能够有效控制身体，包括注意力、转移关注点、抑制过激情绪反应等能力。例如，一个人走进一间挤满人的房间，立即就能凭直觉体会到那里的情绪氛围，这样的事情屡见不鲜，用通俗的话来说就是你感受到了房间里的气氛。那里可能刚刚结束了一场激烈的争吵，或者一个尴尬的场面。当你走进去的时候，就能感受到残余的情绪氛围。

因为它们位于前脑岛和前扣带回里边，梭形细胞有利于自我监督，还有助于人们理解他人的感受，因此，它们有助于融合社会意识和自我意识。梭形细胞反应极其迅速，能将信息转送给其他社交敏感的神经回路，使人们能够快速调整，适应不断变化的社会环境，明白哪些人可以信赖，哪些人不能信任。

和大脑的很多部分一样，它们的发育遵循用进废退的原则。良好的父母照料能够促进梭形细胞的成长，而它们的发育则能够促进良好的情绪控制能力，相反，虐待和怠慢很容易阻碍梭形细胞的发育。

你越是寻求新的经历体验，越是依靠社会交际，你大脑中涉及奖赏、情感、决策的区域就越强大。伯恩大学的迈克尔·科恩发现，人们经历的新体验越多，从海马体到扁桃核、前额皮质和中央纹状体的连接就越多，后者是一片涉及情感和反馈的大脑区域。

积极的人际关系，还会从神经化学的角度激活你的社交大脑网络，让你感到舒适，使你保持冷静，令你情绪高昂。如果这些神经传递素、神经调质和神经激素不够充裕，你就会感到紧张、忧郁，而且更容易生病，这是我将积极的人际关系称为社交药物的原因之一。类似催产素这样的神经激素，不仅与生孩子和母婴关系有关。催产素是下丘脑分泌的一种神经肽，由脑垂体释放到血液中去，制造抗利尿激素的基因与制造催产素的基因相邻，它们像是一对兄弟，起到相互对抗的效果。但是催产素在男性女性体内都存在，而抗利尿激素主要存在于男性体内，抗利尿激素是同理心神经系统的一部分，与警惕性的提高和情绪觉醒有关。

女性的催产素往往更多，当她变老时，需要的催产素就更多。尽管女性分泌的催产素一般比男性多，但是将催产素喷入男性鼻孔之后，他们推断他人情感和心理状态的能力也会变强。男性接触的人需要比女性多两到三倍，才能保持与女性相同的催产素水平。

催产素能够对自主神经系统的副交感系统分支产生积极影响，让你放松下来，感到平静，而交感神经系统过度活跃时，会让你感到焦躁不安。想想这种感觉，你在度过紧张的一天之后，从爱人那里得到了一个热情的拥抱。在被爱人拥抱20秒之后，你的大脑就会开始分泌催产素。在20世纪60年代，治疗师拥抱患者的做法还不普及，现在，有严格的法律限定职业界限，保护患者不被侮辱。

催产素能够缓和下丘脑—脑垂体—肾上腺轴的紧张反应，并让扁桃核平静下来。一项有关催产素的早期研究表明，通过鼻孔给男性喷入催产素，能减少他们的皮质醇分泌量，使他们更少焦虑。在瑞士的一项经典研究中，把催产素喷入男性鼻孔，然后让他们交出钱来（他们真的这么做了），并承诺会把钱还给他们。在被喷入催产素之后，人们确实更愿意向陌生人交出大额金钱。

另一项研究发现，向男性的鼻孔喷入催产素，能够提高他们通过看照片理解他人情绪的能力。在讲座中，提到最近的神经科学发展能让人们重新认识心理疗法时，我经常开玩笑说，很多治疗师在他们诊所的加湿器中掺了液态催产素，确保他们能得到患者的信任，同时打开患者的副交感神经系统。令我感到惊讶的是，竟然有很多人相信了我这种说法。尽管你可以在互联网上买到号称“液态信任剂”的催产素，但它并不是一种信任激素，不过，它与积极的乐观行为有关，那是一种有关积极性的信任表现。

亲密的关系能够刺激催产素，特别是身体接触。因为这个原因，它曾被叫作拥抱激素。如果你在劳碌一天之后得到一个拥抱，就能受益于催产素的活跃，它有助于激活你的副交感神经系统，包括降低心率、促进放松、提供舒适感的迷走神经。

这些社交大脑网络的性别差异，还会影响我们交际、应对紧张压力的方式。压力对男性和女性的效果似乎截然相反，在经历体能上的挑战之后，男性会倾向于更加配合。女性则恰好相反，她们不愿配合，部分是因为皮质醇阻挠了催产素受体的功能，她们或许需要一个拥抱来提升催产素水平。

在遇到紧张压力的时候，催产素的分泌量往往会增加，这是由雌性激素调节的。对于女性来说，这是需要寻找社会交际的信号，而男性在遇到压力的时候更少使用社会交际。面对紧张压力，女性一般会做出照顾和帮助的反应，而男性却会做出搏斗或逃跑的反应。

简单地表达同理心就能促进催产素的分泌，而它又能反过来增强接受同理心的感觉。例如，一项研究表明，人们在表达慷慨大方的行为之后，对同理心的感受会加强，同时催产素的分泌也会有所增加。因此，你可以在强化自己同理心的同时，强化对他人同理心的感受。

社交大脑网络对一个人的良好感觉是如此重要，如果你不参与社交活动，不仅会错过它们所能带来的很多益处，甚至还会遭受挫折。例如，如果一个人遭到了爱人的拒绝，就会出现强烈的挫败感，多巴胺的分泌也会急剧下降。与坠入情网的醉人经历相反，在多巴胺水平较高时，它的下降会让人感到迟钝、难以专注。此外，被拒绝会激活你的扁桃核，使你更加焦虑不安。

你接收到的社交滋养越少，你的社交大脑的衰竭和僵化就越严重。五分之一的美国人都有过孤独的经历，正如我们在本章前文指出的一样，研究人员发现孤独是一个重要的健康隐患，它对人体健康的长期有害影响甚至有甚于抽烟。

滋养你的社交大脑网络，需要你走出自己习惯的舒适区，走进新的舒适区。通过以下联系，你将领悟“付出即收获”这条真理的真谛：

- 培养对那些处境窘迫者的同理心。
- 表达你对家人朋友的慈爱之心。
- 发展你和家人朋友的亲密关系。

■ 笑一笑，真能十年少

锻炼你的社交大脑网络可以从观察他人做起，就是看别人微笑，也能通过镜像神经元激发你的积极情绪。研究表明，看别人微笑一秒以上，然后接受中性刺激，会对这些刺激产生积极反应。看别人微笑能够触发多巴胺的分泌，这种神经传递素与快乐的期待有关。

微笑能点燃积极情绪，就好像皱眉能点燃消极情绪一样。发生这种情况，是因为连接大脑和面部肌肉的神经是双向传导的。两侧脸的微笑，反映了左侧前额皮质和右侧前额皮质的活跃。脸和社交大脑网络之间存在双向反馈过程，所以微笑能够点燃积极的情绪状态。甚至在紧张时刻，微笑也能使人们更快地从消极情绪引发的心血管状态中恢复过来。

我的一位患者发现这种现象时大吃一惊。简在刚退休的几年里来找我，抱怨说自己已经丧失了全部社交联系，她感到孤独而寂寞。尽管她还能收到员工聚会的邀请，但是她谢绝出席，她说："我不想让人们看到我现在的样子。另外，你们想要我做什么呢，硬装出一副幸福的表情吗？"

"没错！"我回答说。接着，我向她讲述了脸部和大脑之间的双向神经信息传递，微笑能让她感受到更多快乐。这里还有社交反馈的好处：当她微笑的时候，别人也会微笑，然后帮助她再真心笑回来。她收到的将不止是自己那一点点积极情绪，还会从别人那里收到反馈回来的积极情绪，把这些解释给简就是鼓励她再次投入社交的关键一步。

简又想了想说："这听起来太简单了，如果我或其他人装笑怎么办？如果他们假笑怎么办？"

"你提出的问题很好。"我回答说，"事实上，假笑不算笑。"我告诉她，假笑（两侧嘴角不对称，偏向左边）与大脑右侧的活跃和消极情绪有关，而两边脸一起笑与大脑左侧和积极情绪有关。

事实上，这样说还不算完整，你怎么知道另一个人的笑是不是发自内心的？根据法国神经解剖学家吉拉姆·本杰明·阿曼德·杜兴（1806～1875年）对眼轮匝肌肉的研究，保罗·艾克曼将发自内心的真诚微笑称为"杜兴微笑"，或者叫杜氏微笑。非杜氏微笑不会调动眼轮匝肌肉（幸福肌肉），因此眼角不会出现鱼尾纹。而且，杜氏微笑会调动眼部肌肉，两侧嘴角对称上扬，而非杜氏微笑却不会调动眼部肌肉，两侧嘴角的上扬也不对称。杜氏微笑与左侧前额皮质和积极情绪有关，而非杜氏微笑与右侧前额皮质和消极情绪有关。

但如果一个人在眼睛周围注射了肉毒杆菌除皱，导致你难以辨别杜氏微笑怎么办？注射过肉毒杆菌的人在微笑的时候，还能体验到同样的快乐吗？《科学美国人心智》杂志一系列有趣的研究发现，答案是不能。还记得前文提到的双向情感信息流吗？幸福的表情确实能让人感觉更加幸福，如果你不能做出一副非常幸福的表情，就无法体验彻底完整的微笑情感。另外一系列有关肉毒杆菌的研究还发现了一个有趣的现象，在眼睛周围注射肉毒杆菌的人们理解他人情感的能力会下降。这说明，除了人脸与大脑之间的双向信息流以外，在别人的面孔、你的面孔和你的大脑之间，也存在一个双向信息流。

与人一起大笑，不但能提升你的情绪，还能提升你的健康，当然，说“笑声是最好的药物”也是有道理的。放声大笑需要深呼吸，这会对自主神经系统产生特定的刺激效果。在笑声中呼气的时候，会触发迷走神经和副交感神经，降低心率和血压，促进人体放松，很少听说有人在大笑的时候吸气，笑一般都是伴随呼气的。

大笑还有其他很多好处，比如：

- 改善认知功能；
- 提高心率和血压；
- 增加天然杀伤细胞的活性；
- 刺激多巴胺奖赏系统；
- 锻炼并放松肌肉；
- 降低皮质醇水平；
- 改变基因表达；
- 延长寿命。

大笑会触发所谓的笑容模块，它包括一系列运动。这些神经活动会传导到脑岛（触发它的镜像神经元和内脏反应）和扁桃核（情感反应）。听别人大笑会触发同样的神经回路，使两个人都能享受欢心一刻，这是一种协同关系和相互理解。尽管他们不懂镜像神经元和笑容神经回路，但情景喜剧的制片人还是会在剧中加入画外笑声，这不但能提示人们哪里有笑点，还能促使你和他们一起笑起来。和别人一起看电影的时候也会出现类似的现象，这就是为什么很多人家里放着DVD，却更喜欢到剧院看喜剧片的原因。

微笑表达的是一种暂时情绪，大笑却是通过多种渠道分享一种心理状态，和别人分享幽默，能在多个领域拓展你和他们之间的关系。一个妙趣横生的幽默能够把人们从紧张的日常生活中解放出来，远离堆积紧张压力的担忧。当你和别人在某种环境下分享一个幽默的看法或者一种乐趣时，你们就会不约而同地感到放松，变得开心起来。

最能令人释怀的幽默莫过于调侃自己，不要让自己太严肃，可以打破你与他人之间的紧张气氛。嘲弄自己，可以解除你对自己一些小过错的担心，接受这些小过失是心理健康的关键。在我写这段文字的前几天，我108岁的姑妈去世了。她有极强的幽默感和生活热情，而她调侃自己的能力和犀利的思维同样令人感到惊叹。尽管到晚年眼花耳聋，她依然保持了强大的幽默感。我最后一次见到她的时候，她开玩笑说："我的脑子比眼睛耳朵好多了！"她为人热情，慈祥可爱，她想跟上所有家庭成员的最新细节，对家里的客人也总是关心备至。

■ 伴侣是大脑健康的催化剂

作为一种在社会环境中兴旺起来的物种，我们一般都是一夫一妻制。我们的大脑对浪漫关系的每一步都异常敏感，当这些大脑网络被激活的时候，我们在生理和心理上都会感到满足。当它们不活跃时，或者当我们的浪漫关系遇到麻烦时，这些大脑系统就会受到抑制，我们就会感到紧张压力。

在一段关系的早期，强烈的浪漫爱情（热恋期）会催生一种神经学基础，让你看什么都像是带着玫瑰色的眼睛。在陷入爱河这一阶段，扁桃核和右侧前额皮质会被抑制，这就解释了为什么在热恋期，恋爱双方都看不到潜在的风险信号，也看不到对方身上的缺点。

我并不是要把恋爱贬低到生物化学的层面，但无论如何，我们要认识到心理和大脑、心脏都是这个统一系统的一部分。在两个人之间出现良好的化学状态时，一段浪漫关系才会开始，才会进入热恋阶段。在看见那个人的时候，你的前额皮质会说“注意，她/他很有魅力”，触发你的大脑被盖区和黑质释放多巴胺，这种神经传递素与快乐体验有关。在与那个人深情相遇之后，你的海马体会编码这段快乐记忆。当你再次看到那个人的时候，你的伏隔核——这个主导快乐和上瘾的中心，就会被更多的多巴胺激活。当你们分离太久之后，你或许会像戒毒瘾一样，出现冲动或退缩想法。奖赏系统的活跃会让你带着玫瑰色眼镜看事物，而你的脑隔区（另一个快感中心）会在多巴胺释放及其兴奋之后被激活。与此同时，你的扁桃核会受到抑制，对对方重大缺点的风险信号毫无畏惧。你的亲戚可能说这个人完全不适合你，但你对这种建议视而不见。

在经过热恋阶段之后，你们双方最终都会意识到，对方身上也难免有缺点。你希望你的伴侣能接受你的缺点，但你或许要冒一些期望落空的风险。有人会希望你们双方都能面对现实，持久的爱情关系需要投入奉献、持久努力、接受不完美，并愿意将对方的需要列为心中的重中之重。

你们爱情的深化涉及多种神经网络，包括激活迷走神经，它主要是由催产素激活的，能够降低心率、促进放松，给你一种惬意相处的感觉。大脑中奖赏系统的激活包括中脑岛、有尾核、尾状核，还有涉及长期献身爱情的腹前核。

长期关系中的伴侣有逐渐懒惰、失去激情的风险，这种新鲜期和激情的逝去，可以用神经化学中耐受度的概念来解释。在这里，多巴胺受体的数量会出现下降。情侣们需要共同做一些超出他们习惯的事情，创造新鲜感来刺激多巴胺。

性是爱情关系中的一个重要方面，而情侣们常常忘记他们努力保持这种关系健康发展的承诺，这可以认为是一种新鲜事。如果情侣们不努力去培育他们的性关系，那么不论他们年龄多大，都可能面临激情殆尽的风险。大部分时间都是在按部就班，让人心里毫无期待感，于是渐渐侵蚀了这段关系。只有强烈希望挖掘新激情方式，投入美妙的性关系中，才能给亲密关系提供强大的心理基础。

男性下丘脑中投入到性冲动的大脑空间是女性的两倍半，他们的性想法比女性多得多，很多这样的想法和视觉图像有关，此外，他们的视觉系统（枕叶）发挥的作用比女性大得多。在男性的思维意识中，平均每52秒就会浮现一次性想法，而女性可能一天只有一次性想法，在感情热烈的时候，一天也不过三四次。男性和女性在更年期阶段，性欲都会急剧下降，特别是女性。随着男女性欲的衰退，他们对拥抱的兴趣会增加。性的减少和拥抱的增加是有神经化学基础的，后者受催产素的影响更大。

健康的关系包括身体、情感和思想等多个方面，不健康的关系则过分偏重其中某一个方面，迫使这一点去弥补另外两点的缺失。

美国国家社会生活、健康和老龄化项目检查了3000名57 ~ 85岁的成年人，其中包括大量少数民族代表，对他们的很多健康和社交网络领域进行了评估。这项研究发现，健康和性会相互促进。换言之，随着性活动的增加，健康状态也会得到提升，性表现是健康变老的一个关键因素。

一段健康婚姻就相当于一个情感调节器，能够作为抵御压力的缓冲。一项使用核磁共振的研究表明，对婚姻满意度高的女性在牵着丈夫的手时，面对令人紧张的画作，受威胁的烦恼比较小，但当他们牵着陌生人的手时，这种好处就不复存在。丈夫在现场的时候，她们大脑中与威胁相关的区域神经活动就比较少，比如右侧脑岛、右侧额上回和下丘脑。终身拓展这种社会交际，能够强化承受压力的韧性和应对慢性疾病的能力，而这些人际关系的损失可能损害人的整体健康。

不过，夫妻双方若有长期冲突，就会导致更严重的神经化学状态，比如肾上腺素、去甲肾上腺素和促肾上腺皮质激素的提高，矛盾重重的夫妻出现炎症的可能性也会增高。甚至还有研究表明，夫妻关系会影响伤口的愈合速度。

■ 交友不慎就像宇宙黑洞

尽管社会交际有利于你的大脑，但也有些人际关系对你的心理和大脑是有害处的，当然，这包括虐待这样明显的破坏性人际关系，不论是口头还是身体虐待。还有一些同伴心理依附（译者注：指在感情上或心理上对同伴的过分依附，尤指对因有疾病或毒瘾而需要帮助者的过度依附）的人际关系，涉及清晰的利用和被利用。你知道怎样避免这些人际关系，但对于那些不存在明显虐待或者缺乏互惠的人际关系，又该怎样看待呢？这些人际关系会削弱社会交际的概念，还会侵蚀你的健康。

一个没有收获的人际关系，会把对方的需求放在首位，却把你自己的需求置之脑后。这些人际关系，大部分都潜伏在那些攫取型的人身上，他们假装关心你，却花费大部分时间让你对他们的殷勤感到愧疚。因为他们榨干了你的精力，这些人际关系只会让你的大脑更加愚钝，而不是更加聪明。这种社交压力的神经化学状态会损害你的大脑回路，并将其摧毁。类似皮质醇这样的紧张激素水平会上升，引发多种负面效果。与此同时，与那些让你感到舒适、健康、平静的人际关系相比，这些人际关系对你的社交大脑网络产生的强化却微乎其微。

我把这种人际关系称为“黑洞”，就像在太空中一样，任何靠近黑洞的东西，都会被它强大的引力吸入它的中心，黑洞一样的攫取型的人会把你吞噬到一个宇宙里，那里的唯一中心就是他们自己。如果不能明确坚持自己的原则，你的生活在这样的人际关系中就会变得无足轻重。那么，这种黑洞关系可能非常微妙，我们怎样才能辨别它们呢？这种人搬弄是非的一种惯用手法就是假装牺牲换取同情。如果他假装对你很感兴趣，却从来不做任何表示，这份关系可能就是一个黑洞。

这样的人际关系对你们双方的健康都没有好处，因为在同伴心理依附关系中，那些人使用毒品或酒精消耗你的精力，给他提供物质基础，得以肆无忌惮地实施鲁莽疯狂的行为。同伴心理依附关系加上攫取型的人，会让他一直把自己当成宇宙中心，能把世间所有能量吸入自己的黑洞。

有一种最难以捉摸、最阴险的黑洞，涉及那种永远攫取不知付出的人。这些人总是要求周围的人帮助自己，看到自己的光明一面，体谅自己的感受。和他们相处使人憔悴，因为你总要配合他们的情绪。他们还会在自己的默认模式网络上花费大量时间，思考有关自己的事情，想谁没有给他们想要的东西，然后为此愤愤不平。顺便说一句，默认模式网络的一种特殊情况被认定为抑郁症的特征。我们可以从这项研究中推测，一个攫取型的人在停止思考、感到抑郁的时候，可能假装与你交好。

同理心和同情心是非常健康的感受，也是世上几种主要宗教的基础。当这些感受被值得接受它们的人激发时，它们将是体验“付出即收获”的最有力方式。相反，如果被吸入了一个黑洞，你的同理心就会被压榨，你从这样的人际关系中收获不到任何社会交际，它还会让你的努力付诸东流，无法给你自己带来滋养和照料。社交大脑网络需要健康、互惠的人际关系，而不健康的人际关系会让人丧失这些网络。从我们人生的第一刻到最后一刻，被真诚照料爱护的经历和充满体贴爱心的人际关系，都有助于让我们产生安全感，培养我们承受挫折的能力，最终促进我们的健康长寿。

付出与接受同理心都是有益的，事实上，当你认为镜像神经元让你体验他人的体会时，接受这种感觉就是付出。当人们感受到你的同理心时，你的镜像神经元能帮助你体会到他们的感受。换句话说，在他们感到舒服时，你也会间接为他们感到舒服。想象两面彼此相对的镜子，能够反射对方的影子，使用这个概念，就可以解释你在表达同理心时的情感经历。

■ 要想健康，出去约会吧

因为多种原因，随着我们年龄增长，获得、增加、保持社会交际网络的难度会越来越大。不幸的是，在职场环境中，大龄人士并不受重视，很多正在办理退休或者已经退休的人，丧失了他们工作时的社会联系，需要付出更大努力，才能重建他们的社会交际系统。

变老的时候，你或许会发现，结识新朋友、保持社会关系越来越难。随着年龄增长，我们的老年朋友们往往会更加靠近自己的家庭，有些人去世了，依然健在的也不再热衷于人际交往。因此，我常常对那些发现自己社会联系不断减少的客户说，他们应该多参加一些能够促进社会联系的活动，比如俱乐部、政治组织、社会团体、塞拉俱乐部（译者注：北美环保组织，成立于1892年）、志愿者工作、读书会、宗教学校等，从中寻求长期的社会交际。如果你专门安排时间与人接触，就会确立坚持到底的预期。这样，你就难以拖延，也不好对自己说有其他事必须做。

如果把社交因素与其他因素结合起来，其效果将远超只用社交因素一种。比如，当你和家人朋友共度美好时光时，可以很容易地加入一些锻炼、饮食以及有趣的智力交流。比如，你有一段时间没见过妹妹了，就可以邀请她和一位朋友一起去徒步旅行，你和妹妹的重逢是令人欣慰的，了解上次分别后她和家人的情况也是一种享受，你还利用这次机会结识了她的朋友，了解了她的生活。你们三个气喘吁吁地跋涉到预定目的地，在一片野餐场地，每个人都把包里的美食拿出来分享。按照这个计划，你们几个都根据你最近读的书，携带了健康食品。吃午饭时，你妹妹的朋友和你聊起了神经科学的最新发展，讲述了几种促进大脑健康的新方法，她说："事实上，我们现在正在做四件有利于大脑健康的事情：社交、锻炼、分享知识、吃健康食品。如果我们晚饭后这样走路，还能给晚上带来一场好觉！下周六我们继续来怎么样？"

请尝试以下做法。

- 在选举期间担任志愿者。
- 到一家非营利组织担任志愿者。
- 加入一个读书会。
- 定期和朋友们一起共进早餐、午餐或晚餐。
- 加入塞拉俱乐部或者奥特朋协会的远足活动。
- 打桥牌或者玩其他游戏。
- 参加一个组织良好、定期举办的舞蹈班。
- 如果你是离异人士，丰富你的活动，经常出去“约会”。
- 和朋友们一起去看喜剧。

CHAPTER 6 THE SLEEP FACTOR

第六章
睡眠因素：充分的规律睡眠对大脑至关重要

艾米丽快60岁时，晚上开始翻来覆去睡不着。现在她已经62岁了，她尝试了听说到的每一种催眠方法，都无济于事，她感觉自己这辈子注定是要失眠了。她试用了多种非处方安眠药，每次都只在最初几天管用，而且第二天早上晕晕沉沉，直到中午才能完全清醒过来。在那些日子里，她每天早上喝更多咖啡，来补偿那好似漏气气缸一样的大脑。生气就生气在这里！有两次她遇到一位同事把员工休息室咖啡壶里的最后一杯咖啡倒给他自己，于是就冲他大喊大叫。

每天晚上的两杯葡萄酒让她放松，但等她上床睡觉时，这种放松感就像煎锅里的黄油一样融化了。当然，她觉得自己的生活太紧张了，一点轻松的迹象都没有。最后，她决定寻求帮助。第一次坐下来与我谈话时，她说："我长期失眠，但我认为这是其他什么病的综合征。或许你能帮我处理生活中的这些紧张压力，让我睡好一点。"

然后，她继续讲述，在过去几年里，她在一家保险公司的理赔师工作越来越费心费力了，她似乎永远也干不完那些工作，而一些同事没有明显的问题。她想知道，是不是自己处理的案子比较多，当她数数比较之后，发现自己与另外6名理赔师手上的案子是一样多的。然后她又想，是不是自己手上的案子比较复杂，这种猜测也是不对的，因为案子们都是随机安排给大家的。那么，为什么她的同事们处理案子的速度是她的两倍呢？她的上司叫她去办公室时，也想知道为什么会这样。她的第一反应是自己被欺负了，认为他们或许在联手策划，想把自己赶走，这样就能招募年轻的新员工。上司的一些话让她产生了这样的想法："你看，艾米丽，我们一起参加工作，我希望我们也能一起退休。这部分取决于你，而我希望你能得到一些帮助。"

"这就是我在这里工作的原因，"她耸耸肩膀对自己说，"他是对的，但我也不知道怎么回事。"

她和丈夫结婚35年了，现在才刚过上舒服日子，可以去旅行。只要她能够处理好这种紧张的感觉、睡好觉，生活就完美了！

在她讲述自己的经历时，我渐渐发现，其他大部分人都不认为她必须处理的那些事会导致紧张过度，事实上，他们认为她的生活非常正常，有些人可能还觉得幸福安宁。

我问她每天晚上睡几个小时，她认真地想了想，摇摇头说："你的意思是总共？我猜也不过两三个小时。"

人们在处于第一阶段睡眠时，很容易觉得自己没有睡着。因此，我推测她的睡眠至少还有两个小时，只是她自己没有觉察到。如果真是这样的话，她每天晚上其实可以睡四五个小时。但无论如何，第二天早上她的身体里都会有更多的紧张神经激素，比如肾上腺素、皮质醇等。紧张激素的升高会严重损害她前额皮质的功能，削弱她的决策能力，阻碍她处理理赔申诉的决策过程，干扰她的工作，而她以前可以轻松完成这些工作。决策低效增加了她的挫败感，使她分泌更多的紧张激素，所有这些都加剧了她高度紧张的感受。

这种愈演愈烈的循环，导致紧张压力日益恶化。我告诉她，必须打破这种恶性循环，她说："你给我一些安眠药不就得了？我听说女人上了年纪都会这样。"她不知道，她过去那些试图解决失眠问题的努力，都只不过是火上浇油。

"我为了让自己能睡着，甚至会在凌晨时分看一些老掉牙的电影。"

"你在卧室里放了一台电视机？"

"是啊，谁的卧室里没有呢？这有什么关系呢？"

我告诉她，她必须改造自己的卧室环境，在卧室里只能做一两件事：睡觉或者做爱。如果它成了娱乐场所，或者和丈夫讨论家庭财务收支的场所，她的失眠就会更加严重。

"把电视机搬出卧室可不是什么灵丹妙药，大夫。"

"你说得对，它只是我们要做的很多事之一。这里没有灵丹妙药，我们得想办法降低你的紧张激素……"

"好，"她插嘴说，"给我指点指点，怎么把它们解决掉。"

"燃烧皮质醇这样的紧张激素，最有效的方法之一就是锻炼，如果你在傍晚或者清晨锻炼身体，对你的睡眠最有好处。"然后，我告诉她，根据人体皮质醇的正常循环，它会在早上5点左右小幅上升，它在我们开始一天生活的时候提高，然后在傍晚逐渐下降。事实上，大约下午4点钟，有些人之所以需要喝咖啡，就是因为精力下降。有些人因为长期失眠或压力过大，早上皮质醇水平较高，他们的紧张激素一般不会在下午出现这种下降，尤其是不运动的话。我还告诉她，晚上保持较低体温的重要性，很多人半夜睡不着，是因为他们的体温太高了，应该降一降。为了促进睡眠，她不要在床上铺太多被褥，适当打开窗户，从而保持较低的体温。如果她在睡前3～6小时内锻炼，不但能燃烧紧张激素，还能提高她的体温，这样到睡眠期间，她的体温就会处于自然下降状态。

“我不想下班后浪费时间去那些昂贵的健身房，另外，我也不擅长任何体育运动。”

“散步是最廉价、最简便的锻炼方式，你几乎随时随地都可以散步，我建议你在晚饭后快走20分钟。”

“那我什么时候休息呢？我喜欢在晚上通过电子邮件和Facebook与朋友交流，直到睡觉，这可以让我放松。”

我告诉她，看电脑屏幕的本质就是看光。当她盯着电脑屏幕的时候，眼睛后面的视网膜会给大脑中央的松果体发送信号，告诉松果体现在是白天，不该分泌睡眠激素褪黑素，从而加剧或导致失眠。

和艾米丽一样，中老年人（似乎也有不少年轻人）抱怨最多的一个问题就是睡眠质量的下降。他们抱怨难以入睡，又很容易醒，结果到早晨起床时无精打采，部分原因中老年人第三、第四阶段的慢波睡眠时间较短。

睡眠因素调查问卷

阅读下列问题，在相应答案上画钩。

问题	是	否
你的卧室里是否有电视机？		
你是否有在睡前查看电子邮件或者在电脑上工作到很晚的习惯？		
你和你的伴侣在睡前是否会大肆聊天甚至争吵？ 你是否有在午后喝咖啡的习惯？		
如果你到半夜还没睡着，是否感到愤怒，担心第二天会被荒废？		
你是否会在晚上吃简单碳水化合物？		

续表

问　题	是	否
你是否会在晚上饮酒？		
你一天喝的水或饮料，是否大部分是在晚上喝的？		
你是否会在下午吃最后一餐，不吃晚饭？		
你的卧室是否温暖，或者你是否一定要在床上铺大量的被褥？		

如果你对上述问题有任何肯定的回答，那都可能损害你的睡眠，对你的大脑产生不利影响。

失眠是加剧大脑退化的一个重要原因

如果不让人体，包括大脑在内，重建它的资源来应对紧张压力，它就会发生故障，加速衰老，损害它重建资源的一个主要途径就是缺乏睡眠。研究人员发现，限制人们每晚只能睡4个小时，连续6天之后，他们的葡萄糖耐受度会下降，晚间皮质醇集中会增加，交感神经系统的活跃度也会升高。睡眠债的效果反映了衰老的过程，因此，衰老加上睡眠债，加剧了衰老过程。

老年人睡眠不佳的一个相关因素是他们对紧张激素敏感性的提高，老年人，特别是男性，似乎对促肾上腺皮质素释放激素和皮质醇的刺激效果格外敏感。与青年人和中年人相比，当老年人促肾上腺皮质素释放激素过剩时，他们的睡眠就会减少，睡得也更浅。那些失眠患者往往会分泌最大量的皮质醇，特别是在晚上和深夜的时候。

在衰老的时候，女性的某些症状比男性更明显，比如体温升高、催产素和皮质醇水平提高，这些都加大了睡眠的难度，而男性更容易感到劳累，更可能在白天睡觉。

剥夺睡眠会增加胰岛素抗性、2型糖尿病和高血压的风险，对于大脑来说，这些都是严重的威胁。缺乏睡眠导致的内分泌系统和新陈代谢变化，酷似一些正常衰老的特点，这也加剧了糖尿病等疾病的病情。

伦敦大学医学院的一项研究发现，中年人每晚睡眠少于6小时或者多于8小时，与大脑功能的衰退有关，这种损伤的程度相当于老了4～7岁。看起来，每天平均睡7个小时似乎是最好的，虽然有些人睡得稍微多些少些，也都很好。大量研究表明，睡得太少或者太多，都会增加死亡率，以及出现心脏病、中风和其他健康问题的概率。

据说6小时睡眠是最起码的生理需求，这里指的是核心睡眠。核心睡眠期，包括你的全部慢波睡眠，还有一半的快速眼动睡眠。

人们抱怨最多的一点就是随着年纪增长，睡眠质量越来越差。大部分调查都指出，变老时，人在睡眠周期里醒的次数会增加。打扰睡眠的原因之一与老年人健康状况不断变差有关，另外，还有以下一些影响因素：

- 去甲肾上腺素水平升高，交感神经系统过分活跃；
- 白天打盹；
- 白天见光太少；
- 运动锻炼太少；
- 抑郁；
- 呼吸不均；
- 体温过高。

某些疾病会扰乱睡眠的时间和质量，例如，睡眠呼吸紊乱在老年人中很常见，并与认知损伤和痴呆症有关。一项对300名平均年龄82岁的老年人进行的持续数年的研究发现，几乎三分之一的研究对象都有睡眠呼吸紊乱，包括睡眠呼吸中止症。与呼吸模式正常的人相比，这些睡眠呼吸紊乱的人出现认知损伤或痴呆症的风险会翻倍。睡眠呼吸紊乱会导致缺氧：大脑氧气供应不足。发生这种情况的时候，细胞就会受到损伤，甚至死亡。

阻塞性睡眠呼吸暂停，是在肌肉放松的时候出现呼吸紊乱，它通常与老年人脂肪堆积或肌肉丧失张力有关。阻塞性睡眠呼吸暂停的过程很有趣，在吸气的时候会阻塞气管，导致气流在10秒到1分钟以内不能流通，这时睡眠者就会拼命呼吸。当氧气水平下降的时候，大脑就会唤醒这个人，让他收缩上呼吸道肌肉，打开气管，引发喘气或者重重的鼻息，然后恢复正常呼吸，这种循环一晚上可能重复上百次。

在人变老的时候，睡眠相关呼吸困难和周期性腿动是导致睡眠障碍的两个因素。睡眠相关呼吸困难的发生会随年龄增长而增加，特别是睡眠呼吸暂停。尤其是男性，饮酒也与衰老和上呼吸道肌肉松弛有关。

睡眠呼吸暂停可能是日落症候群的一种诱因，因为睡眠呼吸暂停会使人疲乏，到傍晚的时候，精力就会下降。根据凯泽永久医疗中心在圣克拉拉市的肺病主治医师汤姆斯·戴利所说，加州有36%的人存在睡眠呼吸暂停。改变生活方式可以改善这种症状，比如减肥、仰睡、戴口罩等；如果医生建议的话，使用持续气道正压通气设备也能有效改善睡眠呼吸暂停。认知功能的衰退和睡眠呼吸暂停有关，包括注意力不集中、烦躁易怒、抑郁等，此外，它还会增加中风的风险。

睡眠呼吸紊乱影响了多达60%的老年人，这个问题本身并不会破坏睡眠或考睡眠时间，但是缺氧或者大脑供氧不足会影响睡眠，睡眠呼吸紊乱可能增加之后出现痴呆症的风险。在最近的研究中，研究人员跟踪了300名平均年龄82岁、没有任何痴呆症症状的女性，在这群人当中，按照平均每小时打扰睡眠15次以上导致大脑缺氧的标准，有193人是正常呼吸模式，105人是睡眠呼吸暂停模式。那些睡眠呼吸紊乱的人，在后来出现认知损伤或痴呆症的概率是其他正常人的两倍。

睡眠过程并非只有时间长短一个衡量维度，各种类型的睡眠之间存在质量差异。自20世纪30年代起，研究人员已经能够辨别睡眠的不同类型和不同阶段。根据脑电图，可以区分出三种睡眠来，它们分别是：快波睡眠、慢波睡眠和发梦睡眠（快速眼动睡眠），如图6.1所示。

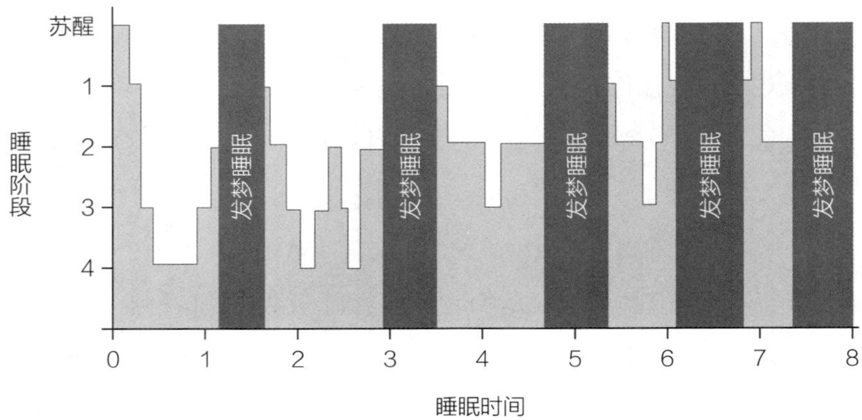

图6.1　睡眠阶段

第一阶段是苏醒与睡眠之间的过渡状态。在这个阶段，脑电波很快，被称为低幅高频波。事实上，正如你在图6.1中看到的一样，它们和苏醒状态十分接近。如果你从第一阶段睡眠中醒来，就可能说自己根本没有睡觉。

在第二阶段，睡眠很轻，此时的脑电波被称为θ波。很多失眠患者抱怨他们睡不着，事实上他们是在第二阶段睡眠。随着年龄增长，这个阶段的睡眠会越来越多，你在晚上会有一半时间都是第二阶段睡眠。在紧张期间，第二阶段睡眠也会增加，而慢波睡眠和深度睡眠会减少。

第三阶段和第四阶段被认为是深度睡眠。在睡眠循环的这些阶段里，你会发出缓慢的脑电波，这被称为δ波。深度睡眠能够让身体功能放慢速度，强化免疫系统。如果你缺乏深度睡眠，你的免疫系统就会受到抑制，身体就会出现疼痛。紧张压力会增加释放去甲肾上腺素和肾上腺素，它们会减少慢波睡眠的数量。如果你缺乏睡眠，首先需要恢复的就是深度睡眠，这指出了它对你整体健康的重要性，老年人第三阶段、第四阶段慢波睡眠的时间较少。

慢波睡眠的减少可能比其他与年龄相关的身体功能衰退更早发生，与此同时第一阶段睡眠会增加，男性的这些倾向比女性明显。那些心理状态较好的人被认为更加健康，他们拥有较高水平的慢波睡眠。

发梦睡眠发生的阶段叫作快速眼动睡眠。70年前，研究人员发现了快速眼动睡眠，他们发现人们在某个睡眠阶段眼睛会快速转动，叫醒之后，人们能记起栩栩如生的梦境。快速眼动睡眠是由低幅高频的脑电波组成的，又叫异相睡眠，因为这时的身体功能的活跃程度几乎相当于苏醒状态。在快速眼动睡眠期间，你的新陈代谢会加速，提神的神经传递素会活跃。你或许会梦到自己在奔跑，而且你的大部分器官状态就像真的在奔跑一样，但是你的四肢没有动。和慢波睡眠一样，在你变老的时候，快速眼动睡眠的时间会变少。

尽管一般人在睡觉时，每90分钟就会经历一次快速眼动睡眠阶段，但是大部分快速眼动睡眠发生在睡眠周期的后期，它占据了健康成年人25%的总睡眠时间。与之相反，慢波睡眠主要发生在睡眠周期的早期。图6.1描述了一个典型的夜晚睡眠周期。

你的睡眠模式和生理节奏是随白昼长度变化的，你的生活习惯，比如吃饭、工作、社交、锻炼也对睡眠有影响。此外，睡眠受光线和黑暗的影响。当光线照入你的眼睛时，视网膜会通知松果体现在是白天。松果体位于大脑的中央位置，会对光做出反应，减少睡眠激素褪黑素的分泌，表示这时候不该睡觉。相反，在黑暗的时候，视网膜给松果体发信息，告诉它现在是晚上，是睡觉时间，所以它应该制造褪黑素来让身体镇静下来。

因为你在白天受到的光照总量会影响你的睡眠，所以在白天尽量多受光照，可以让你的生物钟更符合自然界的昼夜循环。如果你正在饱受失眠的煎熬，请不要在深夜使用电脑，因为你这样其实是在看光。这些光会触发你的大脑，将其调节到白昼模式，抑制松果体分泌褪黑素，而你需要褪黑素来入睡。这样的话，你的生物钟，也叫昼夜节律，会不适应真正的昼夜循环，你在睡觉前几个小时需要柔和的光线。

紧张激素皮质醇会影响你的昼夜节律。人体每天大约分泌10次皮质醇，其中大部分发生在凌晨4点到中午之间。在这段时间里，人们会起床、出门，开始一天的工作生活。从进化的角度来看，警觉每天早上的第一件事，维持了我们这个物种的生存。因为我们的祖先经历了数千年的狩猎—采集生活模式，他们需要在清晨时分保持警惕，这时候有很多食肉动物都在潜行觅食。

在凌晨4点以前，几乎有6个小时的时间都不会有皮质醇分泌，这有助于睡眠。但如果你过度紧张，皮质醇水平居高不下，就会带来严重的失眠风险。人类生物钟另一种促进夜晚睡眠的途径是肾脏在夜里会放慢尿液的生产，人到老年后，这些自然生物节律非常容易受到干扰。

你的昼夜节律不仅与接受光照有关，还与体温有关。在理想情况下，当你在晚上入睡时，你的体温应该处于下降状态。直到你起床的时候，体温才开始回升。如果你早上起床后出门接受光照，同时活动身体，就能进一步促进体温的升高。

如果你有失眠，调节体温或许会遇到困难。在晚上睡觉应该降低体温的时候，你的体温却可能升高。如果你白天不参与任何锻炼活动，就可能出现这种情况。在你睡觉前3～6小时的窗口期锻炼，能够促使你的体温在夜间下降。

为大脑健康而睡：元素周期表就是这么来的

睡眠是维护大脑健康的关键，如果没有充分的规律睡眠，就会出现多种健康问题。例如，研究表明睡眠对涉及突触生长、蛋白质合成、髓鞘形成的基因转录至关重要。正如我们在上文中提到的一样，髓鞘是大脑白质的构成基础，没有它，神经元就不能有效刺激，就像患了多发性硬化症一样，那是一种脱髓鞘神经疾病。睡眠是合成、运输胆固醇的关键，而胆固醇是髓鞘中的一种重要成分。

缺乏睡眠甚至会导致一周以后体重增加，这是因为一种叫作胃饥饿素的激素分泌增加，它能够提高食欲和饭量。与此同时，另一种叫作瘦蛋白的激素产量会下降，而它可以抑制食欲。雪上加霜的是，缺乏睡眠导致的食欲是和淀粉含量丰富的食品、高糖食品、糖果以及其他高能量食品联系在一起的，缺乏睡眠的人对这些食品的消费量比不缺乏睡眠的人高出33%～45%。不幸的是，这种食欲不会增加对水果、蔬菜和高蛋白食品的需求。

睡眠还是巩固记忆的关键，深度睡眠是巩固显式记忆的关键，而发梦睡眠是巩固程序记忆的关键。研究还表明，缺乏睡眠会损害注意力、学习新知识和记忆力。缺乏睡眠的时间越长，你的认知技能受影响就越大。

突触生长是记忆形成的关键，在睡眠期间，大脑会追溯不牢固的记忆，将它们重组为更加持久的长期记忆。在睡眠期间，白天的经验会得到再次激活和巩固。

“你为什么不好好考虑考虑呢？”（译者注：“why don’t you sleep on it？”英文字面意思为：“你为什么不带着它睡一觉呢？”）这句俗话大有哲理。不仅是因为你在早上睡醒时活力十足，还因为你会在巩固前一天重要记忆的基础上，拓展出新鲜观点。因为神经可塑性的拓展过程开始于白天，在睡眠期间继续深化，使你能够产生新见解。事实上，在历史上确实有一些伟大的名人逸事，在一觉美梦之后产生了伟大顿悟。例如，德米特里·门捷列夫就是在梦中想到了按照原子量给各种化学元素排序，这就是现在的元素周期表。奥托·勒维说，他在夜半时分醒来，突然发现了神经元之间通过化学信使通信的方式，这就是现在所说的神经传递素。

一晚上缺乏睡眠会对海马体活动产生重大影响，削弱它的事件记忆功能，导致后续记忆力的恶化。在学习一堂课之后24小时之内，只有睡眠超过6小时以上，才能强化记忆。充足的睡眠会改变记忆，使它在第二天更加牢固、更抗干扰，从而固化记忆。在睡眠期间，大脑会分解记忆，只保留那些最重要的细节，帮助你记住信息的关键方面。在情绪记忆方面，睡眠也发挥着重要作用。从这个角度来看，怒气冲冲地入睡也是有意义的，情绪记忆能为痛苦经历建立一种长期的潜在创伤表现。

缺乏睡眠不但会损伤记忆，还会损伤之后的记忆力。正如我们指出的一样，神经科学中最具革命性的一个发现就是最近发现在海马体的齿状回区域，也就是脑室下区，会长出新的神经元。研究表明，缺乏睡眠会损害这些干细胞变为新神经元的能力。

■ 无需吃药的助眠好方法

失眠很常见，对老年人来说尤其如此。大多数人一生中至少经历过一次失眠，对很多人来说，它是个持续性问题。高达一半的人报告说，他们每周至少有一次辗转难眠，15%的人每周会出现两次以上无法入眠。

正如本章前文中提到的一样，睡眠问题在抑郁或焦虑的老年人中非常普遍。如果你过度紧张，全神贯注投入到一件事上，就很难放松下来安然入睡，紧张压力会提高去甲肾上腺素、肾上腺素和皮质醇等神经传递素的活跃水平。一般来说，这些神经传递素在晚上会受到抑制，但如果你处于紧张、焦虑或抑郁状态，就可能让自己强打精神，保持紧张状态，思考第二天要做哪些事情。

你可以做一些事情来提升睡眠质量，睡眠保健的第一步是消除损害你睡眠的因素。有些人试图通过使用某些技术手段来改善睡眠，结果却适得其反。

失眠有很多促成因素，包括衰老、身体状况、药物等。因为随着变老，我们的睡眠质量会自然恶化，坏习惯会加剧失眠，它们包括饮食习惯、睡觉时间、环境因素。

失眠可以分为很多种类，有很多不同的原因，其中有些原因是自发的，有些比较明显，有些不太明显，例如喝咖啡和饮酒。咖啡导致失眠的一条途径是阻碍一种叫作腺甘酸神经化学物质的受体，腺苷酸能够促进睡眠。喝咖啡几个小时之后，对大脑中的腺苷酸水平影响很大。很多人之所以失眠，是因为他们下午喝的咖啡，却错误地以为这时候离晚上睡觉还早，不会造成问题。就算他们睡着了，睡眠也会比不喝咖啡浅，因为腺苷酸主要是促进慢波睡眠。

由于睡眠太浅，大部分时间都是第一阶段和第二阶段睡眠，这些人在早上醒来之后会感觉需要更多睡眠。因为第四阶段睡眠是强化免疫系统的关键，这些人更容易受到病毒的侵袭。

根据一般的民间说法，酒精能够促进睡眠，因为饮酒者会在最初两三个小时里醉倒，但两三个小时之后，他就会醒来，难以入睡。这还会导致睡眠中期觉醒，因为酒精会阻止睡眠中期的镇静效果。结果，

失眠的种类

根据美国睡眠协会，原发性失眠有以下特征：

频率：每周有三天以上失眠

失眠时间持续超过一个月。

睡着30分钟以后才醒，通常叫作早醒型失眠。这种失眠总睡眠时间少于6.5小时，有效睡眠率低于85%。

开始和保持睡眠有问题。

由于失眠，白天萎靡不振，认知能力受损。

饮酒者可能需要翻来覆去一两个小时，然后才能再次入睡。高达10%的睡眠保持问题都是由酒精引发的，如果你有睡眠问题，就不应该在睡觉前几个小时内饮酒。一般来说，酒精会减少第四阶段的深度睡眠和发梦睡眠。

大脑对光线很敏感，光线的有无会影响睡眠。当视网膜（它实际上是大脑的一部分）给大脑中央的松果体发信号时，光信号就会通知松果体不要分泌名叫褪黑素的睡眠激素。在黑暗中没有光信号时，松果体就会分泌褪黑素，帮助你入睡并保持睡眠。因此，晚上和睡前的亮光会触发你的大脑，使你处于清醒状态，因为它为你准备好了白天所需的警醒，而不是准备晚上睡觉。

有几种身体状况会导致或加剧失眠。和你的医生一起进行体检，彻底检查以下情况：

- 帕金森病；
- 关节炎；
- 肌纤维痛；
- 癌症；

- 肾病；
- 哮喘；
- 甲亢；
- 高血压；
- 支气管炎；
- 心脏病。

多种药物也会导致失眠，很多医生没有提醒病人，他们开的药方可能导致失眠。以下是一些容易导致失眠的药物：

- 解充血药；
- 帕金森病药物；
- 类固醇激素；
- 哮喘药；
- 利尿剂；
- 食欲抑制剂；
- 心脏病药物；
- 肾病药物。

据估计，大约95%的睡眠问题没有得到诊断，因为医生根本就没问这件事。因为失眠是如此普遍，你可能认为医生已经做好准备，帮助病人改善睡眠质量。但不幸的是，根据睡眠研究中心主任威廉·迪蒙特的一项研究，大多数医生并没有接受过良好的睡眠问题培训，他发现，大多数医生在学医过程中，学习睡眠问题的平均时间只有40分钟，而在这些学习中，大多数也只是直接教他们应该给失眠者开什么药方，这些医生一般都会开出苯二氮卓类药物，尽管大多数医学期刊都推荐使用非药物手段治疗失眠。

不幸的是，非处方安眠药和医生开出的苯二氮卓类药物成了千万失眠患者的选择。苯二氮卓类药物会让睡眠变浅，减少深度睡眠，并导致药物上瘾和耐药性，这样就需要服用更多的药物才能达到同样的安眠效果，如果患者停止服药，就会遭遇更严重的失眠。

很多非处方药物都含有苯海拉明，从而产生催眠作用。和苯二氮卓类药物一样，非处方安眠药也会抑制深度睡眠，导致耐药性和停药反弹。尽管这些安眠药有相当程度的安慰剂效果，但它们还是令人在第二天早上犯困，难以集中注意力。

心理医生经常开的一种安眠药，实际上是一种叫作“曲唑酮”的老式三环抗抑郁药物，它的一个副作用就是让人嗜睡。服用量少于抗抑郁水平时，它的效果是催眠，但病人常常会抱怨第二天精神恍惚。服用这种药物，还有其他多种副作用和禁忌症，一定要把所有这些担心告诉给你开药的医生。

尽管它们能在短期内起到催眠效果，但从长期来看，药物治疗失眠的效果并不好。两份对数百项研究的总结表明了这种无效性，并提出这些药物不应该用于治疗长期失眠。因为它们非常容易上瘾，产生耐药性和停药反弹，很多人服用这些药之后都难以停药，只要停止服药，就会遭遇更严重的焦虑和失眠，比之前更加难以入睡，苯二氮卓类药物的停用应该在医生的指导下进行。斯坦福大学的研究人员发现，55～75岁的成年人，每天下午锻炼20～30分钟，可以将入睡所需时间缩短一半。综合研究表明，锻炼不仅能够延长睡眠时间，还能增加慢波睡眠时间，从而提升整体睡眠质量。

在晚上睡觉前3～6小时内锻炼，可以在睡眠循环中期这个关键时期降低你的体温，从而促进睡眠。这样锻炼能够加速心率，提升体温，并在睡觉前有足够的时间让它们回落到基准状态。

另一种在晚上降低体温的好办法是确保你的卧室凉爽，温暖的卧室会增强光线，干扰睡眠。洗热水澡不但有助于放松，还能提升你在浴室时候的体温，然后睡觉前迅速降温。

鉴于以上原因，在睡前要避免用电脑这样产生强光的活动，因为光线会克服睡意。长时间盯着电脑屏幕，就是盯着光线，会告诉松果体这是白天，不应该分泌褪黑素。

接受自然光照的时间也是睡眠保健的一部分。上午接受明亮的光照，有助于降低睡眠循环中间几个小时的体温，保持良好睡眠。如果你在清晨醒得很早，无法重新入睡，这就叫作“早醒型失眠”，需要接受更多的光照。这将确保你的松果体不再在白天分泌涂黑素，使你能在睡觉时降低体温。

你的晚餐食谱对睡眠质量有重要影响，富含色氨酸（这种氨基酸能转化为皿清素，再转化为褪黑素）的食物有助于安眠。相反，多吃富含蛋白质的食物会减少你的睡眠，因为富含大量中性氨基酸的血浆会进入你的大脑。类似白面包和糖这样的简单碳水化合物会加剧睡眠问题，因为它们会增加血糖和浅睡眠，甚至使你在睡眠过程中苏醒。相反，像全谷物、全麦这样的复杂碳水化合物能够催眠，因为它们可以缓慢持久地供给血糖。

维生素水平的变化也会影响睡眠，例如，维生素B、钙和镁可能抑制睡眠，获取这些维生素和矿物质的最好方法就是通过均衡的天然食品来摄入。

奇怪的声音会打扰你的睡眠，最好减少非重复性的声音，因为大脑总会关注新鲜事物，它们会激起你的注意力。与之相反，类似风扇转动的白噪声单调乏味，可以很好地屏蔽其他噪音，比如狗叫声。有些人通宵开风扇提供白噪声，另一种有用的技巧是使用高质量的耳塞过滤噪音。确保你的卧室里没有电视机，如果有人在别的房间看电视，让他们睡前把声音关小一点或者关掉，因为它时不时地会调动你的注意力，把你吵醒。

睡觉的环境和你的态度影响了你是否能够睡着。例如，你的卧室应该能够促进睡眠。你的床应该只有两个功能：睡觉和做爱。它不应该被用作娱乐场所，或者讨论家庭财务的地方。哪怕你没在卧室里放电视机，当时也没有在里边讨论收支或者其他家庭琐事，只要在卧室里发生过这样的事情，这种环境也会损害你的睡眠。可以这样想：因为你的神经元相互刺激、相互连接，造就了记忆，在卧室里做无关睡觉的事情，会刺激把卧室与它们联系起来的神经连接。相反，如果你的卧室只用来放松睡觉，就会建立起促进睡眠的神经连接。

如果你翻来覆去，超过一个小时还不能入睡，那就应该起来换一个房间。离开床会让你的体温下降，并把神经动力转移到你还醒着的现实上来。

改善睡眠有多种途径，包括锻炼、饮食、白昼光照、晚上保持卧室凉爽等。

你对缺少睡眠的态度会影响你感受一天剩余时间的方式。虽然半夜没睡够就被叫醒，你当时的感觉可能非常糟糕，但随着你的体温上升、接受光照、运动身体，你的感觉会逐渐变好。但是，如果你认为损失睡眠是个无法挽回的大问题，你的情绪就会更加低落，感觉也会更加差劲。

不要太费劲去努力睡觉。如果你发愁睡眠不足，只会让大脑更加活跃。研究表明，努力睡觉会使肌肉紧张，提高心率、血压和紧张激素水平。一项研究中的生动例子诠释了这个过程的发生，研究人员为研究对象提供机会，让他们比赛谁能更快睡着，并给入睡最快的人发放奖金，结果，他们入睡所需的时间是平常时候的两倍。

睡眠时间的安排是重建正常睡眠习惯的另一方式。通过调整你上床的时间，例如，熬夜到比平时晚的时候再上床，你就会有一种压力，要快速入睡，一觉到天亮。之所以会这样，是因为如果你今天缺乏睡眠，明天晚上就会更早入睡，以此来弥补损失的睡眠。如果失眠已经成为一种习惯，你非常看重这个问题，那不妨制定一个新的作息时间表，这相当于重塑你的睡眠循环。有一个常识，早上睡懒觉会导致晚上睡不着。遵守作息时间表则与之相反，不管你前一天晚上睡了多久，早上都要按时起床，而且晚上不要上床太早，要稍微晚一点。

计算你每天的平均实际睡眠时间，然后加上一个小时，使用这个公式来确定你每天应该给自己安排多少睡眠时间。例如，如果你上个月平均每天在床上躺8个小时，但实际睡眠时间只有5个小时，那么可以安排6个小时的睡眠时间。如果你平时在早上6点钟醒来，就可以在晚上11点半上床睡觉。你至少应该坚持4周这样的作息时间，这样做的目标是尽量把躺在床上的时间用于睡眠。最终，你的体温会得到调整，睡眠压力会逐渐建立起来，这时你就可以进行另一项调整，增加一小时的睡眠时间，使自己每天能睡到7个小时。

如果你长期失眠，而不是偶尔一两次睡眠不好的话，这种方法很好用，它可以修复你的睡眠循环结构。如果你的睡眠循环失调，作息时间表有助于它回到正轨，重建更正常的神经状态。执行作息时间表，将提高你的睡眠效率。

■ 理性对待失眠，它不是世界末日

劳里对我说，她一生都饱受失眠的烦恼，哪怕她确实睡着了，也总是感觉处于半睡半醒的边缘。为了补偿睡眠，她试着增加在床上的时间，以便“把握任何可能的睡眠”。

她总是花费大量时间躺在卧室的床上，看书、看电视、打电话。她的床有多种功能，既有娱乐，又有社交，最重要的是，让她感到泄气。当我提出建议，在床上只保留睡觉和做爱两种活动时，她辩解说：“那是我休息的地方！”然后，她描述了房间里其他地方是多么的狼藉，丈夫和十几岁的孩子到处折腾，她完全无法在那样的环境里放松休息。

我告诉她：“问题在于你并没有累得想睡觉。”随后，我向她讲述了放松和睡眠压力之间的区别。尽管放松很好，但她把主要精力放在这上面，就挤压了建立睡眠压力的空间。

我们讨论了为什么她准备了那么多时间睡觉，睡着的时候却很少。通过压缩躺在床上的时间，减少躺在床上做的事情，她就将产生一种生物压力，在有限的时间里实现最高质量的睡眠。我讲述了睡眠的几个阶段，告诉她改善睡眠的目标应该是增加睡眠的深度，这样她才能休息好。此外，通过精减躺在床上的时间，她将不再时睡时醒，从而能够满足自己的睡眠需求。

最初，她很难理解为什么减少躺在床上的时间还能改善睡眠，失去卧室这个放松场所也让她很难受。我们一起为她设计了在卧室之外的放松方法，让她意识到，她在休息的时候需要远离家人。

然后，我向她介绍了作息时间表的细节，问她每天的平均实际睡眠时间有几个小时，然后在此基础上加上了一个小时。我们用这个公式计算了她应该给自己安排多少时间用于睡觉，她在床上的时间将完全用于睡眠，我们又额外加了半小时。第一周很艰难，因为她自己都不相信这种计划有意义。但令她惊讶的是，在第二周和第三周，她的睡眠似乎出现了一点儿改善，到第四周的时候，她的实际睡眠时间已经有了显著增加，精力更加充沛，情绪也随之好起来了。

像劳里这样对睡眠的消极想法会把暂时性的失眠变为长期失眠，它们本质上都是不准确的认识，会导致自这种坏情况的真正发生。如果你相信这些有关睡眠的消极想法，就会产生压力，结果更加难以入睡。这些想法会导致生气等负面情绪，还会引发与之有关的生物化学变化，给你带来兴奋，而不是镇静。这一连串始于消极想法的事件，最终导致了失眠。

找出你的错误想法，用正确的睡眠知识代替它们。例如，如果你在半夜醒来，可以这样理解这次醒来：

- 我或许会再次睡着，或许睡不着，但不论如何，这都不是世界末日。
- 这没什么大不了的，起码我已经得到了核心睡眠。
- 就算今晚睡不好，明晚我也会睡好。

如果你半夜醒来，接纳这些想法，有助于你重返睡眠。接纳有关睡眠的理性认识，你就会抛弃压力，足够放松再次入睡。此外，当你躺在床上的时候，要抓住放松的机会，类似深呼吸之类的放松方法有助于平静心态。白天的放松有助于你晚上的睡眠，每天做两次这些放松练习，白天一次，晚上上床前一次，能起到最佳效果，减少紧张压力。

很多技巧都有助于你实现健康的睡眠模式，请遵循以下指南。

在床上不要做任何睡眠之外的事情（除了做爱以外）。不要看电视、对账本、和配偶讨论家庭财务或者吵架，让床承担它的唯一使命——睡觉。

如果你睡不着，就起床到别的房间去。

不要努力睡觉，这会增加你的紧张压力，产生适得其反的效果。试着告诉自己："就算今晚只睡几个小时也没事，我明晚就能补回来。"这种预期的改变，会让你放松下来，进入睡眠。你越是百般努力地要睡着，往往就越难睡着。

晚上避免喝太多东西，这样会降低睡眠的阈值，使你需要醒来上厕所。

至少在睡前几个小时里避免明亮的光照，不要一直用电脑到夜里。

在上床睡觉前做好第二天的所有计划，如果你认为明天需要做某些事，就起床把它写下来，这有助于把思索和担心留到第二天再想。

避免终日打盹，要把打盹看作窃取晚上睡眠的行为。

试着在睡前吃一点富含复杂碳水化合物的零食，建议食用富含色氨酸的食品，不要吃任何含糖或含盐的食物。

晚上不要吃富含蛋白质的零食，因为蛋白质会阻碍血清素的合成，使人更加警醒。

在睡前3～6小时之内锻炼身体。

如果噪声会干扰你的睡眠，可以使用耳塞。

在睡前5个小时以内避免饮酒。

如果你长期失眠，可以尝试作息时间表的方法。

尝试放松练习，它们能帮助你入睡，或者在夜里醒来之后再次入睡。

降低体温，不要盖得太严实。打开一点窗户，让新鲜冷空气进入卧室。

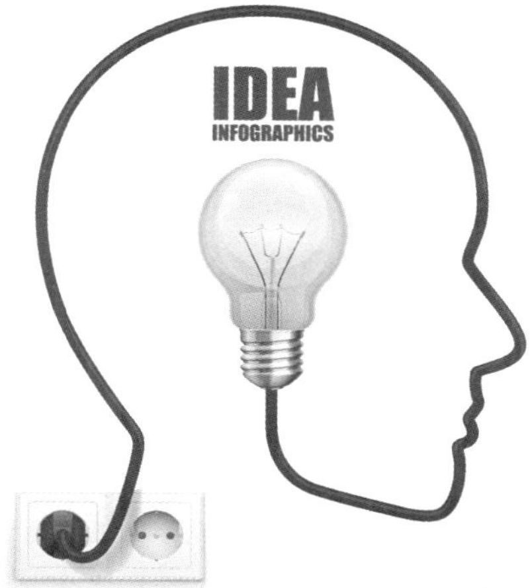

PUTTING IT ALL TOGETHER

第三部分

综合运用五个因素，培养最强大脑

CHAPTER 7 MODERATE YOUR STRESS

第七章 利用五个因素消除不必要的压力

第一次见面走进办公室的时候，史蒂夫一手端着咖啡，一手拿着手机查看邮件，完全没有我们常见的社交礼仪，他微笑着说："等我把这个邮件发出去，就可以开始谈话了。"过了一会儿，他把手机放在椅子扶手上，说："好了，我也希望有更多时间和你聊聊，但11点钟我要参加一个电话会议，所以，我该从哪里说起呢？"他苦笑了一下："我压力很大，需要想办法调整调整脑子。"

作为一家刚起步的电信公司的CEO，他在"取得成功之前就已经心力交瘁"。他又瞟了一眼手机，好像在期待回复，随后啜了一口咖啡，问道："我该怎么办？"

"看来你是事倍功半啊。"

他耸耸肩，又看了一眼手机，又啜了一口咖啡，他说："如果人人都能尽职尽责，或许我就可以轻松一点。"他又接了一个电话，然后迅速发了一条短信，拇指按键盘的速度大大超乎了我的想象。

"你能帮我个忙吗？"我一边说，一边试图和他进行一些眼神交流，"把手机放到口袋里好吗？这样我们才好聊天。"

“好聊天，”他叹了口气跟着说，又看了一眼手机，然后看了我一眼，“对不起，没问题。”

“你真是个大忙人。”

他大笑了起来，“是啊，”他端着咖啡杯说，“要是没有这家伙提神，我早就散架了。”

经过一些礼貌的问询，他告诉我他很少吃早饭，午饭也是匆匆忙忙随便吃几口，只有和妻子一起吃晚饭的时候，才有时间慢慢坐下来吃饭，“她觉得我说话有点大嗓门，可是她不知道我一天到晚有多紧张。如果你能给我开一些安定片或者类似的药，我马上就走，绝对不纠缠你。”

“或许我们可以一起研究研究，你就不会再认为自己需要安定了。事实上，从长期来看，安定片会让情况更糟糕。”我说。我继续告诉他，长期服用安定这样的苯二氮卓类药物，会造成适得其反的效果，而且现在就有很多健康方法供他选择，可以最大程度降低他所说的起伏不定的焦虑。后来，经过立即调整饮食和适时锻炼，他的睡眠得到了改善，尽管仍有焦虑，但也得到了好转。我邀请他参加我每周教的抗焦虑课，他在那里学到了几种减少焦虑的技巧，还有大量有关大脑的知识。一天晚上，他在课上说：“我们这门课应该叫作‘大脑使用手册’。”作为公司的CEO，他开始帮助员工们保持健康，这样他们就能改变对公司的态度，为公司做出更大贡献。

我在前文各章讲述的各种健脑因素，看似都很简单，其实都是很有道理的，你或许会想，等什么时候有时间了、不紧张无压力了，再来做这些事情。但讽刺的是，如果你不肯注意这些因素，你的紧张程度就会一直增长。对待我的所有患者，不论他们是焦虑还是抑郁，我总是会要求他们同时培育这几种因素，因为研究指出，它们共同作用能够缓解焦虑和抑郁。但不管怎么说，我也知道在你感觉压力过大的时候实施这些健康行为是有难度的，因此，本章就要着重解决当前的紧张压力，因为人们对紧张压力有太多误解，如果信奉那些错误观念，就会让紧张压力更加难以控制。

■ 大脑与压力的双向作用：为什么斑马不会得胃溃疡

罗伯特·萨波斯基在《为什么斑马不得胃溃疡》一书中，指出人类是唯一会因为思考产生紧张压力的物种，因为我们的大脑皮层更大，我们可以用它来担忧。为了证明这个观点，他描述了惊蹿的斑马有一个特点，它们会把所有紧张激素都用于逃避捕食的狮子。或许跛脚的斑马亨利跟不上和大伙一起逃跑，会成为狮子的牺牲品，但当其他斑马在逃脱之后，到达一个水坑边时，它们并不担心自己会成为狮子的下一顿晚餐。一只斑马不会对另一只斑马说：“那些狮子在盯着我，而不是亨利，我知道它们的下一个目标就是我！今晚我睡不着了。”而人类或许会有这样的对话，担心成为狮子的下一顿晚餐。我们有更大的大脑皮层，既能够让自己紧张起来，也能消除这种紧张。

有一种常见的思维模式，认为应该避免所有紧张压力。事实上，我们应该避免这种思维方式，因为从很多理由来看它都是错误的。首先，“紧张压力”本身很简单，完全比不上人类活动的复杂多变。每当有人来找我，请我帮他达到一种“无压力生活”时，我就常常会说：“为什么？难道你想死吗？”在我们说一种环境令人紧张之前，我们常常会感到一丝焦虑，适时适量的紧张压力并非坏事，而是好事，没有适当的紧张压力，我们就不会按时上班，冰箱里空了也不会去超市采购食品。适度的焦虑会启动我们的前额皮质，帮助我们适应这个世界，成功实现目标。

在汉斯·塞耶的带动下，“压力”这个词在上世纪中期风靡一时，但它更适合描述一座桥上的物理压力，衡量它的承重能力。其他紧张压力研究人员，比如洛克菲勒大学的布鲁斯·麦丘恩，建议使用“应变稳态”一词，因为它能更好地描述一个人应对生活需求的能力及其适应能力。就像汽车上的减震器能让你在崎岖不平的道路上行驶而不损坏车轴一样，应变稳态是人体在变化中保持稳定的过程。你不会把车开到路边说：“这路上到处都是坑坑洼洼，我没法开车！”你会继续驾车行驶，小心保持安全速度，并尽可能绕过一些大坑，哪怕遇到挑战，适应性强的人也会继续前进。事实上，他做这件事可能就是因为它充满挑战，这是健康的！

应变稳态涉及在多个压力水平之间不断调整。人体和大脑中有很多部分就像恒温器一样，有助于将压力保持在可承受范围之内。例如，海马体中有大量皮质醇受体，人体出现紧张压力的时候，适量的皮质醇就会激活它们，这时它们就会发挥类似恒温器的作用，提供一套负反馈机制，就好像是在告诉压力系统：“好了，我们的皮质醇已经足够多了，不要再供应了！”通过这种方式，扁桃核和海马体才能够平衡工作。扁桃核能够提升紧张反应，而海马体可以降低它，当然，这只是紧张压力在适度范围内的情况。亚里士多德就曾说过：“凡事节制勿过度。”这个道理对于紧张压力来说，实在是再合适不过了。

应变稳态调整能在短时间内适应环境。皮质醇能够强化或抑制基因转录过程，调节脑源性神经营养素，在需要的时候调整扁桃核的活跃度，帮助实现人体内部协调。短时间的适度水平皮质醇爆发，会作用于前额皮质，使人更好地适应紧张压力并调节情绪。

应变稳态干涉调节紧张压力的另一个途径是通过自主神经系统，

交感神经和副交感神经是自主神经系统的两个分支。当你遇到潜在的危险境况时，比如有一头灰熊在你的帐篷周围徘徊时，交感神经分支就会被激活。当那只熊渐渐走远之后，副交感神经分支就会让你平静下来，交感神经和副交感神经系统之间的平衡能优化大脑健康。在遇到重大危机时，你需要全身心调动起来，事后则需要平静下来休息。

如果我走在路边，没有看两边的路况，突然一辆半挂车冲着我飞驰而来，这时交感神经系统就会激活“搏斗或逃跑”反应中的逃跑部分。当我安全回到路边、需要回归放松状态时，副交感神经系统会把我的心率和呼吸降低到正常水平。

迷走神经系统是副交感神经系统的一个重要部分。如果你的迷走神经张力较高，你的副交感神经系统就能很快把你的心率平息下来。如果你的迷走神经张力较低，在你安全回到路边很久以后，你的副交感神经系统依然很难将你的心率平息下来。如我们在第5章中所讲的一样，这种多层迷走神经系统叫作社交参与系统，因为迷走神经系统不仅能平静胸腔里的内脏，还能平稳心跳和面部表情。当你的心跳加速时，你的表情就会显得更加焦虑。如果一个你信任的人给你一个拥抱，你就会释放催产素，迷走神经系统就会做出反应，使你平静下来。

如果你的迷走神经遭到了损伤，在你的自主神经系统中，交感神经分支就会占据主导地位，你在安全回到路边之后，心跳也依然难以平静。正如你的自主神经系统中有这两个部分一样，你的交感神经系统中也有多个组成部分，最著名的就是所谓的“搏斗或逃跑”反应。如果你深夜走在一条漆黑的大街上，突然跳出来三个表情狰狞的大汉，你的下丘脑—脑垂体—肾上腺轴反应就会发挥作用。你的扁桃核会向下丘脑发出信号，让它分泌促肾上腺皮质激素，这种激素进入血液后，会让你的肾上腺（位于你的肾脏顶部）释放肾上腺素。你的心跳会加快速度，血管形状也会发生变化，准备搏斗或逃跑。然后，大约30分钟以后，若这些吓人的家伙还在跟踪你，你的肾上腺就会分泌皮质醇，让你始终保持高度警惕。

在偶然出现适度压力的情况下，紧张反应系统可以良好运转。以去甲肾上腺素的水平为例，当去甲肾上腺素水平适中的时候，它对α-2A受体有很强的吸引力，后者会引发警觉意识，有助于前额皮质进行最优活动，更好地调节你的行为和注意力，抑制扁桃核潜在的过度活跃。与之相反，当你高度紧张的时候，过度释放的去甲肾上腺素会诱发α1和β肾上腺素受体，这两者会影响前额皮质的功能，解除对扁桃核的抑制。在这种情况下，扁桃核会和过量的去甲肾上腺素一起绑架前额皮质，剥夺它的功能，甚至引发非理性行为。

■ 长期紧张加速大脑退化：病患照料者的染色体端粒

适应负荷是指紧张过度，或者长期紧张的情况。当一个人没有精力或者没有恢复好去处理他面对的情况时，就会发生适应负荷。随着适应负荷的时间延长，紧张压力积累到了一种极端情况，大量的皮质醇就像一台无法关闭的加热器一样，会摧毁这台恒温器。过量的皮质醇对海马体有破坏作用，导致其萎缩以及扁桃核的过度活跃。

一般来说，随着年龄变老，人的海马体体积会逐渐变小，皮质醇受体也会相应变少，这使它更难发现皮质醇水平的提高，然后去关闭它的生产，就好像在发现房间达到一定温度之后，恒温器就要关闭加热器一样。不幸的是，因为你的海马体辨别皮质醇的能力下降，它的弱点会更加突出。最坏情况下，过度或长期的紧张压力会损害你的记忆。

你或许不像千百万不幸的人，没有经历过创伤、长期紧张或者抑郁，但是了解那些人反馈系统崩溃、海马体萎缩、扁桃核过度活跃的过程，还是有所裨益的。在扁桃核过度活跃的时候，过量的紧张激素会涌入这些人的身体和大脑里，并削弱停止分泌这些激素的功能。

皮质醒水平过高，会损伤清晰思考、聚焦环境中重要事物的能力，甚至连神经元的细胞结构也会更加脆弱。当一个年轻的健康大脑遇到过量皮质醇时，会发生一种叫作“补偿性突触生长”的现象，没有受损的神经细胞会努力生长，重建树突棘的密度和长度，重建或置换受损的突触连接。但是，对于老年大脑来说，补偿性突触生长会缓慢得多，换句话说，老年大脑在遇到过量皮质醇之后，更难恢复。这种激进的神经元破坏过程，被称为崩塌式的神经退化，会损伤葡萄糖向脑细胞的运输，破坏钙元素平衡，引发更严重的氧化作用，所有这些有害作用都会加速老化。

因为多种原因，人在变老的时候，适应性也会变差。维持习惯提供了一种结构性，但是随着年龄变老，如果人们的习惯被打破，或者感到时间的压力，他们的灵活性和适应性会更差。如果没有健康的处理技能，他们可能越来越过激地应对紧张压力，因为在经历压力或者意外事件之后，他们体内的紧张压力调节系统需要更长时间才能恢复到基准状态。

在紧张事件之后难以恢复导致了紧张激素的失调，在正常情况下，短期的紧急紧张反应会让下丘脑分泌促肾上腺皮质素释放激素，刺激下丘脑分泌促肾上腺皮质激素，然后刺激肾上腺分泌皮质醇，这时候，皮质醇的一个效果就是减少促肾上腺皮质素释放激素的释放。不幸的是，在人变老的时候，这个非常有用的负反馈系统会逐渐失灵，老年人在经历紧张压力之后，需要更长时间才能恢复到基准模式。这种负反馈系统的损失，会导致皮质醇分泌量的整体上升，还会令人们在经历紧张压力之后恢复基准状态的速度更慢。

紧张压力是短期还是长期对大脑产生的影响也有显著区别，短期紧张压力有助于学习和提升性能，而长期紧张压力对这两者都有破坏作用。短期紧张压力可以启动前额皮质，而长期紧张压力会关闭它。大脑能够适应短期紧张压力，但长期紧张压力会破坏人体和大脑的平衡状态，包括免疫系统、心血管系统、肠胃系统等。长期紧张压力还与重度炎症、代谢综合征和多种慢性疾病有关，长期处于紧张状态的结果就是损害身体，削弱大脑恢复基准状态的弹性。

与之相反，短期紧张压力会敲打你的身体和大脑，让它们整理适应性系统的资源。你到将来能更好地处理类似的威胁，这就好像种疫苗，注射一种弱化版的病毒，刺激你的身体产生抗体，当你再次遇到这种病毒的时候，抗体就能修复伤害，击退病毒。你的身体之所以能够抵抗病毒，是因为它重建了自己的防御体系。短期紧张压力有助于你应对下一次紧张时刻，也是同样的道理。

人们应对紧张压力的能力各有不同，从染色体到衰老节奏莫不如此。长期紧张压力会以多种方式加速细胞老化，甚至还会加速染色体端粒长度的缩短。例如，一项针对照顾痴呆症患者的年轻及年老女性的研究发现，长期紧张与端粒的缩短有关。一项针对照料慢性病患儿的20～50岁母亲的研究发现，外周血单个核细胞的端粒长度与其照料患儿的时间长短有关。

各种紧张压力的形式也不尽相同，这些区别也影响了它们加速衰老的节奏。一种区分这些差别的方式叫作知觉压力，说白了，就是一个人感受到的压力是建立在他对压力的认识以及他应对压力的能力基础之上的。在上述研究中，端粒长度的缩短，与知觉压力的上升成正比。研究指出，那些知觉压力最高的人，他们的端粒长度比知觉压力最低的人老9～17年，它们还与端粒酶的活跃度有重要联系。

你的紧张反应系统也包括免疫系统。白介素-6是一种细胞因子，在缓和紧张反应急性期中发挥作用，在人体出现炎症的时候也会升高。同时，急性期蛋白也会开始升高，移除细胞残骸，抑制病菌生长，加速细菌解体。急性期蛋白中含有蛋白酶抑制剂，包括C反应蛋白，它常被当作炎症加剧的标志，可以限制炎症过度对人体组织的破坏。如第四章所述，若以C反应蛋白来衡量，降低炎症的一个有力方式就是有氧锻炼。

急性压力在短时间内激发的所有这些因素，都会让免疫系统处于一种就绪状态，做好准备与潜在的伤口和感染作斗争。如果压力很多或者是长期的，就会出现一系列类似生病的现象，包括摄食减少、睡眠增加、活力下降、社交更少等。换言之，如果你在最需要那些健脑因素的时候懈怠下来，就会令情况雪上加霜。

紧张压力的体验会不断积累增加，所以你经历的紧张压力越多，未来再次经历的可能性就越大。长期紧张会提升促炎细胞因子，它会让压力系统做好准备，接下来的压力源就会导致更加快速的细胞因子增加。以应对压力的大个核转录因子和血清白介素-6来衡量，抑郁也与炎症的加剧有关，有过严重抑郁或压力历史的人，炎症反应加剧、时间延长的风险更大。

促炎细胞因子白介素-6与关节炎、心血管病、骨质疏松症、2型糖尿病等慢性疾病有关。

一项研究对比了100名照料他人的人和100名不用照料他人的人，发现这些照料者的白介素-6水平是其他人的4倍。最令人费解的是，停止照料他人之后，这些人的白介素-6分泌依然会保持高水平。在他们照料的亲人去世3年之后，这些人的白介素-6分泌量还是和正在照料他人的人是一样的。在爱人去世之后的最初几个月里，鳏夫和寡妇会出现较高水平的焦虑和抑郁，这是一种正常现象。尽管他们的焦虑和抑郁程度会在一两年之后消退，但白介素-6的分泌并没有回归之前的水平。

在你长期紧张的时候，哪怕自己感觉不喜欢，也要调用有益大脑健康的因素，调节你的紧张程度，从而避免这些破坏性过程。事实上，我常常对我的病人们说："你必须做一些自己不喜欢的事情，重塑你的大脑，这样才能在将来感觉更好。"

除了本书讲述的这些有益大脑健康的因素之外，还有很多应对紧张压力的放松技巧，能提高你的抗压能力，它们当中有很多都类似于古人所用的方法，但是直到上个世纪，人们才将它们确认为有效的抗压手段。例如，宗教文化和某些宗教理论中的祈祷和冥想，研究发现，它们之所以能缓解压力，不仅是因为虔诚的信仰及其所带来的愉悦，还因为它们能够激活副交感神经系统来缓解压力。

在上个世纪，心理学家开发了很多放松技巧来应对紧张压力和焦虑心理，尽管没有利用宗教的暗示，但它们和那些宗教手段的某些要素是一致的。所有这些放松技巧，都包括以某种方式专注于呼吸，从而来促进放松。另一个常见因素则是专注于观察人体、想象、心理暗示，或者全身心融入一项甜蜜的活动。

■ 一些简单而实用的放松技巧

不要等到不堪重负的时候，才想起使用这些放松技巧。在压力过大之前就练习它们，这样当你遇到紧张压力的时候就更容易使用它们。我建议混合使用以下方法：

- 深呼吸，有意放慢你的呼吸，集中注意力平稳深吸气，特别要注意呼气。
- 使用渐进式放松（也叫作雅各布森渐进式放松或者渐进式肌肉放松）。在这种方法中，你要专注于绷紧和放松各个肌肉群，渐进式放松常常和引导意象、呼吸练习配合使用。
- 专注于躯体感觉，包括你的呼吸和心跳，用温暖、沉重、放松等词汇来描述你的身体。20世纪30年代，德国心理学家在自生训练（指练习者按照自己的意愿，使自身产生某种生理变化的一种训练）中特别看重这种技巧。
- 使用引导意象或愿景，把你的注意力集中在某个令人愉悦的景象或地方，用平静安详代替消极紧张的感受，达到放松效果。
- 通过自我催眠，可以用一个词汇或者非语言线索产生放松效果，并提醒自己以积极的态度投入之后的生活中去。

还有一些减压活动，一眼看上去不会直接解决紧张压力，但它们能带来缓解压力的附带效果，比如：

- 投入一项兴趣爱好。
- 读小说。
- 泡温泉或者去健身房。
- 亲近大自然。
- 尝试简单的瑜伽活动，深呼吸的技巧加上伸展姿势，使瑜伽能够很好地激活副交感神经系统。
- 闻味道。有研究指出，香料按摩能够缓解紧张压力，有报告说，一些香料，比如薰衣草，具有降低紧张压力的功能。
- 听音乐。研究指出，音乐能以多种方式缓解压力，比如诱发生物化学减压物质，辅助与减压相关的医疗过程。

- 大笑。如第五章所指出的一样，笑声能削弱紧张压力令人体疲乏等负面效果。
- 按摩。按摩不仅能缓解身体疼痛，更能缓解压力。
- 做爱。研究表明，做爱确实能够通过降低血压、促进催产素分泌，减轻紧张压力的症状。
- 拥抱他人。拥抱实际上也是在降低血压，增加催产素。
- 参加一个艺术项目。
- 散步。安静、沉思的漫步，特别是户外散步能够平息紧张压力。
- 亲吻他人。亲吻能降低皮质醇，增加催产素。

■ 练习活在当下

专注于当下进行冥想，练习者会在不知不觉中激活副交感神经系统。在过去的50年里，人们比较、衡量了很多这样的冥想技巧缓解紧张压力、促进心理健康、裨益大脑的效果。

为了突出一种和其他多种元素混杂在一起的方法，迈克尔·波斯纳及其同事评估了整体身心调节法的效果，这是中国在20世纪90年代开发出来的一种冥想技巧，它强调把集中注意力和平衡放松状态相结合，有助于体位放松、身体平衡，以及心理与身体的和谐。他们随即安排研究对象参加整体身心调节法或者人际关系培训，连续培训5天，每天20分钟。结果，参与整体身心调节法培训的人集中精力的进步更显著，皮质醇水平下降也更为明显。

在过去20年里，减压疗法团体使用技巧改善专注当下的注意力技能。我工作的大型心理健康系统中有24个医疗中心，每个中心都有一个心理疗法团体，为焦虑症和抑郁症患者提供正念疗法，有人将其称为“活在当下团体”。这些团体这样治疗焦虑症和抑郁症，可以帮助那些因为恐惧未来而焦虑或者因为悔恨过去而抑郁的人们。

40多年前，拉姆·达斯写过有一本名为《活在当下》的书，主要是他在20世纪60年代末的成果，其核心概念就是“不灭”。事实上，世界上很多宗教都在关心专注于现在，曾有人问悉达多·乔达摩，也就是释迦牟尼：“你是神吗？”他回答说：“不，我只是觉悟了的人。”觉悟，就意味着活在当下。

很多人一生懵懵懂懂、跌跌撞撞，很少活在当下，他们觉悟当下的时刻往往都是一闪即逝。他们为将来感到担忧，为过去感到懊悔，结果加剧了紧张压力。如果我们的注意力过分被外界刺激所牵引，就会出现亚临床的注意力缺陷症。在西方社会中培养一种持续专注当下的注意力可能很难，因为我们的社会已经陷入一种充满注意力缺陷症的氛围。过去的电影里有大段的对白，但现在的电影里已经很少能听到有深度的对白了，相反，很多电影和电视节目充斥着连环撞车、激烈枪战和邪恶的角色。当我在十几年前写作《美国的危机：最小分母社会》时，电影还有相对复杂的剧本。因此，当我鼓吹努力活在当下时，出现了大量的反对声音。但如果你想要保持大脑聪明的话，就得忽略这些反对声，培养更好的活在当下的能力。

关键是要认识到其他时候并不比此时更好，尽管很多人花费了大量时间奔向生活中的某个目标，比如说退休。就好像一旦到达了生命中的那几个关键时刻，所有事情都会好起来一样。但是，就算到了那个目标，人们也总会开始盯住下一个目标，好像这是一场特殊假期，每当它来临就会有上天赐福一样。这种逻辑有一个问题，我们总是在渴望下一个目标，就像期待度假途中会发生什么好事一样。

因此，当一个人站在终点或者其他任何时间点时，提升自己把一个工作记忆和另一个工作记忆无缝连接起来的水平都会让人活在当下，这种工作记忆的连续性代表了沉浸在当下正在上演的活动中。当下不是一个静止的现象，而是一个不断演化的当下。当你不断参与正在进行的活动，并且全身心投入其中的时候，你活在当下的技能就得到了提高。比苏格拉底还早的哲学家赫拉克利特曾说："你不可能两次踏入同一条河流，因为它总是在变化的。"

我们参与这个不断变化的世界，用禅语来说就是"禅不是劈木头，禅就是劈木头"。活在当下可以被描述为正念的一个方面。活在当下是一种靠近生活而非远离生活的倾向，有意而为使你能够在培养这些注意力技能的同时，磨炼出不偏不倚的观察能力，这就是正念的意义。

当我在缅因州卡姆登湾写这些章节的时候，帆船和大游艇在港湾里进进出出，海鸥在头顶上飞舞盘旋，寻找人们扔掉的食品残渣。尽管风景如画，但和别人一样，我也只能体验到断断续续的活在当下的感觉，不时陷入我的白日梦默认模式网络中去，提前计划明天要进行的一个讲座，或者回忆几天前发生在科德角讲座上的一些事。

在卡姆登湾这样的环境里，确实更容易活在当下，这里景色优美，空气中弥漫着海风的味道，凉风不时吹来。尽管我一直试图拓展自己活在当下的工作记忆和注意力，但它们依然脆弱，哪怕是在最美好的时光，哪怕是在最迷人的地方。一个打电话的女人走了过来，片刻分神之后，我把自己带回到自己的当下，而不是别人的当下。我回到当下时刻，聆听自己的身体，太阳在我背后，风声从树林中传来，一艘艘船只静静地停靠在港口码头里，海面上倒映出它们整齐的身影。

尽管灵性这个词已经被用滥，其内涵也遭到各种冒昧的误读，但是积极活在当下，感受对世间万物相互依赖的怜悯，总还是能舒缓紧张压力，磨砺我们的大脑。在积极、专注地改善大脑健康时，我们也强化了自己抵抗紧张压力的韧性，使我们的大脑更加聪明。我们能在现在完全觉悟吗？尽管我们当中没有耶稣，也没有释迦牟尼，但我们一定能够努力觉悟正在发生的当下时刻，在共同磨砺大脑的同时，享受这个世界。

CHAPTER 8
THE BRAIN BIBLE SEVEN-DAY JUMP START

第八章
最强大脑7日计划：小改变促进大变化

这本书涉及了社会神经学、认知心理学、营养神经学、发展心理学、心身医学、老年医学、睡眠研究以及其他多个学科的知识，其目的不仅是要突出这些有益于大脑健康的因素，还要让你感受到它们的重要性，并为你提供把这些因素运用到日常生活中的方法。

我猜，哪怕你耐着性子读完了这本书，哪怕你完全同意所有这些健脑因素，你或许依然会认为自己没有时间去开始做这些事情。随着变老的需求培养一个健康的大脑，并不像做家务那样烦琐，也没有什么不方便的，为什么不每天做一些自己喜欢的事情，保持大脑健康呢？只有坏习惯才会挡你的路，比如感觉花时间和别人交际太烦人，身体和智力锻炼太费力，自己爱吃的不健康食品太难以舍弃，晚上睡觉的习惯太根深蒂固，要改变它需要同时改变生活中的其他部分，等等。

你的大脑有能力快速开始新习惯。请容忍我唠叨，再讨论一次大脑回路，讲一下习惯是怎样养成的。你的前额皮质通过它的多巴胺回路与习惯大脑保持联系，那是基底核的功能。如你在第一章所看到的，背外侧前额皮质是执行功能的关键，包括制订计划和灵活决策，它与基底核中一个叫作尾状核部分相连，尾状核通过执行功能来巩固新习惯。我们在第一章中还提到，前额皮质的另一部分前扣带皮层是注意力和动机的关键，这个部位与尾状核之间也存在多巴胺回路。前额皮质的另一个部分眶额皮质则是社交和情感智力的基础，轴突把它的多巴胺神经元与尾状核和扁桃核联系起来，参与基于奖赏的上瘾和社交习惯。这三个习惯回路回到前额皮质的同一个部分，共同促进新习惯的养成，其中涉及思维、动机、社会经验，以及从新习惯中得到的奖赏感觉。换言之，当你决定培养一个新习惯之后，比如某个有益大脑健康的习惯，有意定期练习它，促进它，就终将在大脑中产生奖赏和快感。所以，当你不喜欢做那些明知道对你有长期好处的事情时，应该怎样开始培养积极的新习惯呢？答案就是：把你的注意力集中于当下时刻，把我们讲的所有健康因素放进你的思维，你将发现难以舍弃它们，因为它们已经成为习惯，而且是好习惯！

■ 习惯的力量

你可以把这些关键的健脑因素嵌入你的日常生活，让它们成为习惯。如我们在第一章所述，一旦你决定要做自己感觉不喜欢做的事情，它就会变得轻松简单，变成你的一种渴望，运用大脑健康因素，就会发生这样的情况。我有幸目睹了无数客户、朋友、亲戚和我自己建立与这些因素相关的习惯，让它们变得轻而易举，我们也从中受益。在不方便锻炼的时候，比如在一连串的飞行或会议之后，我的身体感到疲惫不堪，但飞机一落地，我就会去散步，确保自己能睡一晚好觉。当发现自己的日常活动不能提供学习新知识的机会时，我就会每天早上安排一段时间进行阅读和学习，享受一些新知识。当缺乏社交的时候，我就给自己安排和家人朋友相处的时间。社交活动的好处人所共知，社交活动不必总是找同样的人，参加同样的活动。例如，我很幸运有一群朋友，我们自称“四人帮”。我们每隔一段时间就到一起聚聚，这样已经有将近20年了，我们到科罗拉多大峡谷、犹他州的大阶梯峡谷、加州北部的迷情海岸、旧金山索诺玛海滩和马林海滩之类的地方徒步旅行。如果很长一段时间没有聚，我们所有人都会建议约出来见见面。密切的人际关系是健康生活的必需品。

和你的执行大脑一起决定，把这些因素嵌入你的日常习惯，可以先问自己一些基本问题。如果你问自己最看重人生的哪些内容，答案难道不是家庭、朋友和自己的健康吗？在此基础上再进一步，难道你不承认，你的健康会受到饮食、锻炼和睡眠的很大影响吗？最后，终身学习难道不会让你的生活更广阔、更有趣吗？把这些因素综合起来，将对你的大脑产生最好的健康效果。

如果你发现同时把这些因素加入日常生活太难，可以尝试逐步累加，与此同时，监督自己的进度。接下来，你将看到一张每周活动日志，你可以用它记录、监督自己每天对这些因素的运用。我建议你将下页复印下来，这样你就能定期使用。从现在起，开始行动吧，使用这张表开始你的7天快速启动。写下你每天的行为，到周末回顾自己一周的努力，下一周继续提高要求，增加时间。你看到的将不只是自己每天都在运用这些因素，而是你努力的质量。例如，在第一周，你或许会记录自己在街区附近散步，下一周，你可以走得更远一些。

健脑活动日志

教育：每天学习一些新知识。

星期一：______

星期二：______

星期三：______

星期四：______

星期五：______

星期六：______

星期日：______

饮食：留意你每天摄入的营养。

星期一：______

星期二：______

星期三：______

星期四：______

星期五：______

星期六：______

星期日：______

锻炼：这周筹划进行一些体育锻炼。

星期一：______

星期二：______

星期三：______

星期四：______

星期五：______

星期六：______

星期日：________________________________

社交：这周走出去和人们聊聊天。

星期一：________________________________

星期二：________________________________

星期三：________________________________

星期四：________________________________

星期五：________________________________

星期六：________________________________

星期日：________________________________

睡眠：你昨晚睡得怎么样？

星期一：________________________________

星期二：________________________________

星期三：________________________________

星期四：________________________________

星期五：________________________________

星期六：________________________________

星期日：________________________________

每天综合运用这些因素，促进大脑健康。例如，在锻炼的时候加入一些需要其他人参与的项目，比如网球、羽毛球、排球、篮球等。这样每个人都能享受到锻炼的效果，还能增进你与那些运动伙伴之间的相互了解。你们当中有些人可能不如别人强壮，但当你们得分或者助攻的时候，也能得到他人的鼓励和表扬。在你们一起锻炼的时候，可以打造团队精神，牵起社交纽带，提供健康的社交因素。比赛结束之后，大家还可以开怀大笑，共享一顿营养可口的美餐。你不但会养成健康的口味，还能享受和大伙一起吃饭的团队凝聚力。

坐下来和别人一起吃饭有很多好处值得一讲，在历史文献中就有共享圣餐的说法，有时候也被视为一种精神圣礼，比如在名画《最后的晚餐》和圣餐仪式中就是这样。一起吃饭，共进午餐，一起出门吃晚饭，为一场晚宴寻找最佳餐馆或最佳食谱，综合了饮食因素和社交因素。晚饭后散步是一种锻炼因素，但它还能促进你晚上的睡眠。在晚饭或者散步时加入一些发人深思的谈话，你就凑齐了所有这些因素。在一天的锻炼、社交之后，如果你在睡觉前读一本启迪智慧的书，这一天就包含了健脑法则中的所有要素。

这些要素都是相互促进的，你的睡眠质量会影响你的社会交际系统和饮食质量，以及你是否参加体育和智力锻炼。例如，一系列针对孤独对睡眠质量影响的研究表明，孤独会干扰睡眠，让孤独者和不孤独者晚上睡同样长的时间，孤独者在睡眠期间小醒的次数更频繁。

另一种结合社交因素和教育因素的方法，是和班里同学分享学习经验。如果你在上课前快跑，就可以得到必要的有氧运动，促使大脑释放脑源性神经营养素，在你进行学习、参与认知锻炼的时候，辅助你的海马体里新神经元的最终产生，这样你就综合了三种因素。

运用每一种因素的时候，都全神贯注于当下时刻，能让你收获它们的最完整好处，把专注当下运用到各个因素中的最明显例子是社交活动。如果思维游离当下时刻，进入了你的默认模式网络，想象过去或者幻想明天，你就会很难和他人进行交往，甚至完全无法交际。类似的，在锻炼的时候专注当下，能帮助你在散步或跑步的时候不被绊倒、不受伤。学习（教育）当然需要专注，这是记忆知识的大门。如果你不专注当下，就难以完全鉴赏美食的味道和香气。最后，担心未来或者冥想过去，都会妨碍睡眠。专注当下，能让你放松下来，安然入睡。

■ 结语

怎样让大脑保持健康、更加聪明呢？本书就旨在通过你是否建立并坚持做好我提出的五个因素，这是综合了认知神经科学、行为神经学、老年病学、发展心理学以及神经心理学等诸多领域最新成果而得出的系统方法。大量研究已经表明，将这些因素运用到日常生活中，你就可以培养出始终清晰、敏捷的大脑，哪怕到了晚年也依然充满活力。最后，我想说的是，你的大脑随时都可以做出改变，当然，越早开始越好。

部分大脑必备营养素及其来源

营养素			来源
氨基酸		谷氨酰胺	牛肉、鸡肉、鸡蛋、牛奶、乳制品、小麦、洋白菜、甜菜、豆类、菠菜和西芹
		苯丙氨酸	花生、青豆、芝麻、酸奶和牛奶
胆碱			大豆、蛋黄、奶油、花生、土豆、菜花、小扁豆、燕麦、芝麻和亚麻籽
维生素	维生素B	维生素B_1	类似麦芽、糙米、米糠、燕麦片等谷物；豆类；类似花生、葵花籽、干豆子、开心果、生花生、巴西豆、山核桃等坚果和种子；类似葡萄干、蘑菇、球芽甘蓝、芦笋、豌豆、小米、洋白菜、西兰花、鳄梨、李子等水果和蔬菜
		维生素B_3	坚果、肉类、鱼类、鸡蛋、土豆、豆类，以及羽衣甘蓝、菠菜、芥菜等绿叶蔬菜
		维生素B_5	金枪鱼、鳕鱼、鸡肉、龙虾、火鸡、鸭子、牛肉等动物性食品，肾脏、舌头等动物器官，蛋类（特别是蛋黄）和蔬菜性食品，如玉米、羽衣甘蓝、菜花、西红柿、甜土豆、西兰花和豆类
		维生素B_6	鸡肉、火鸡、牛肉、猪肉等动物性食品，鳕鱼、鲑鱼、比目鱼、鳟鱼、金枪鱼、鲷鱼等鱼类，柿子椒、菠菜、青豌豆、甘薯、西兰花、芦笋、青萝卜、鹰嘴豆、扁豆、大豆等蔬菜，花生、葵花籽、腰果、榛子和全麦等坚果
		维生素B_7	蘑菇、动物肝脏、蛋黄、花生和菜花
		维生素B_9	深色绿叶蔬菜、芦笋、芜菁、甜菜、芥菜、球芽甘蓝、利马豆、大豆、牛肝、酵母菌、全麦、麦片、四季豆、白芸豆、绿豆、鲑鱼、橙汁、鳄梨和牛奶
		维生素B_{12}	大豆制品、蛤类、贝类、螃蟹、鲑鱼、蛋类和牛奶

续表

营养素			来源
维生素	维生素C		草莓、青红柿子椒、西红柿、西兰花、菠菜、番石榴、葡萄和橙子
	维生素E		豆类、核桃、杏仁、甜土豆、葵花籽、全麦、麦片等
矿物质		钾	香蕉、橙子、西红柿和菠菜
		钙	白菜、乳制品、鲑鱼、四季豆、杏仁和西兰花
		镁	小麦和大麦、糙米、坚果和绿叶蔬菜
		锌	海产品、豆类、禽肉和乳制品
		铁	绿叶蔬菜、甜菜、干豆、干果、蛋类（特别是蛋黄）、含铁谷物、动物肝脏、瘦红肉（特别是牛肉）、牡蛎、禽肉、鲑鱼、金枪鱼和全麦
必需脂肪酸			鲑鱼、马鲛鱼、沙丁鱼、鲱鱼、凤尾鱼和青鱼

各方赞誉

这本书是严谨而科学的，同时不乏活泼有趣，叙述了许多真实的人物故事以及他们所做的直接影响健康与长寿的事情，引人入胜。建立在最新生物医学和心理学研究基础上，雅顿博士描述的保持大脑健康的五个因素，能够让我们有效地控制生命的长度与宽度，这是一本必读好书。

——伊恩·罗伯逊，圣三一学院博士，
畅销书《权力如何影响我们：胜利者效应》作者

这本书是将神经科学领域的最新发展情况介绍给普通民众的媒介，这些成果能够给予那些拥有足够智慧保持大脑锋利而又始终如一追求思绪敏锐的读者最有效的指导。它如同柴米油盐，应被视作日常所需。

——约翰·索德尔仑德，咨询心理学家，《新治疗师》出版编辑

雅顿博士在科学文献方面的博学与简单活泼地表达研究成果的能力令人印象深刻，我向所有期待变得更加聪明的人力荐这本书！

——马修·班布林，世界百强名校昆士兰大学博士

约翰·雅顿博士的这本书行文风趣，采用了大量故事和现实生活中的类比，而又基于丰富的研究材料，为我们了解、保护、激活以及强化大脑提供了强有力的指导。

——凯利·奥唐奈博士，瑞士日贝瓦

雅顿博士清晰地揭开了大脑的秘密，像制作蒸馏水一样过滤了丰富的科学成果，最终得到了改善大脑的精华要素，这是人人都感兴趣的话题。

——马克·索普博士，奥克兰理工大学心理学主任

这本书堪称生活健康、快乐与高效的终极指南，雅顿博士提出的简单改变是最新科学研究的成果，可以切实改善我们的大脑功能！

——马塞尔·贝尼尔，拉瓦尔大学